《中等职业学校食品类专业"十一五"规划教材》编委会

《食品感官评价》编写人员

中等职业学校食品类专业"十一五"规划教材

食品感官评价

河南省漯河市食品工业学校组织编写

祝美云　主编

郑坚强　张平安　周婧琦　副主编

化学工业出版社

·北京·

本书是《中等职业学校食品类专业"十一五"规划教材》中的一个分册。

本书主要阐述了食品感官评价的生理学基础、评价员的选用与培训、食品感官评价的环境条件、方法的选定与结果分析、食品的识别技巧,并运用大量的实例全面介绍了各种食品的感官评价方法。

本书力求体现我国中等职业教育的特点,在突出基本理论、基本概念和方法的同时,以应用为目的,将基本知识和各种新技术、新方法有机地结合在一起。此外,本书每章后均附有复习题,书末还配有相关章节的实验指导,以求理论联系实际。

本书可作为中等职业学校食品类专业教材,也可作为农业学校农产品加工专业用书,亦可为有关科技人员提供参考。

图书在版编目(CIP)数据

食品感官评价/祝美云主编. —北京:化学工业出版社,2007.10 (2025.1重印)

中等职业学校食品类专业"十一五"规划教材

ISBN 978-7-122-01215-9

Ⅰ.食… Ⅱ.祝… Ⅲ.食品感官评价-专业学校-教材 Ⅳ.TS207.3

中国版本图书馆 CIP 数据核字(2007)第 151465 号

责任编辑:陈 蕾 侯玉周　　　　文字编辑:王新辉 赵爱萍
责任校对:周梦华　　　　　　　　装帧设计:郑小红

出版发行:化学工业出版社(北京市东城区青年湖南街 13 号 邮政编码 100011)
印　　装:北京科印技术咨询服务有限公司数码印刷分部
720mm×1000mm 1/16 印张 13 字数 251 千字 2025 年 1 月北京第 1 版第 14 次印刷

购书咨询:010-64518888　　　　　售后服务:010-64518899
网　　址:http://www.cip.com.cn
凡购买本书,如有缺损质量问题,本社销售中心负责调换。

定　　价:32.00 元

序

食品工业是关系国计民生的重要工业，也是一个国家、一个民族经济社会发展水平和人民生活质量的重要标志。经过改革开放 20 多年的快速发展，我国食品工业已成为国民经济的重要产业，在经济社会发展中具有举足轻重的地位和作用。

现代食品工业是建立在对食品原料、半成品、制成品的化学、物理、生物特性深刻认识的基础上，利用现代先进技术和装备进行加工和制造的现代工业。建设和发展现代食品工业，需要一批具有扎实基础理论和创新能力的研发者，更需要一大批具有良好素质和实践技能的从业者。顺应我国经济社会发展的需求，国务院做出了大力发展职业教育的决定，办好职业教育已成为政府和有识之士的共同愿望及责任。

河南省漯河市食品工业学校自1997年成立以来，紧紧围绕漯河市建设中国食品名城的战略目标，贴近市场办学、实行定向培养、开展"订单教育"，为区域经济发展培养了一批批实用技能型人才。在多年的办学实践中学校及教师深感一套实用教材的重要性，鉴于此，由学校牵头并组织相关院校一批基础知识厚实、实践能力强的教师编写了这套《中等职业学校食品类专业"十一五"规划教材》。基于适应产业发展，提升培养技能型人才的能力；工学结合、重在技能培养，提高职业教育服务就业的能力；适应企业需求、服务一线，增强职业教育服务企业的技术提升及技术创新能力的共识，经过编者的辛勤努力，此套教材将付梓出版。该套教材的内容反映了食品工业新技术、新工艺、新设备、新产品，并着力突出实用技能教育的特色，兼具科学性、先进性、适用性、实用性，是一套中职食品类专业的好教材，也是食品类专业广大从业人员及院校师生的良师益友。期望该套教材在推进我国食品类专业教育的事业上发挥积极有益的作用。

食品工程学教授、博士生导师　李元瑞

2007 年 4 月

前　言

随着生活水平的不断提高，人们对食品的要求已不仅仅满足于量的需要，而更注重质的要求，为此，食品质量鉴定与评价就显得尤为重要，而感官评价以其简单易行、方便快捷的不可替代性日益受到重视。

食品感官评价是在食品理化分析的基础上，集心理学、生理学、统计学知识发展起来的一门学科。该学科不仅实用性强、灵敏度高、结果可靠，而且解决了一般理化分析所不能解决的复杂的生理感受问题。感官评价在世界许多发达国家已普遍采用，是食品生产、营销管理人员以及广大消费者必须掌握的一门科学知识。食品感官评价在新产品的研制、食品质量评价、市场预测、产品评优等方面都已获得了广泛应用。

本书主要介绍了食品感官评价的概念和发展史、食品感官评价的基础、食品感官评价的基本条件、食品感官评价的总体方法及各种常见食品感官评价的具体方法等。每章后附有复习题，且在书末安排了相关的实验内容，以便帮助学生更好地理解和掌握每章的重点和难点。在编写过程中力求注重理论、突出技术，以培养技术型应用人才为宗旨。本书既可作为中职中专院校食品类专业学生的教材，也可作为食品质量监督、各类食品企业及行政管理部门等有关科技人员的参考书。

本书由河南农业大学祝美云主编并负责全书统稿，郑州轻工业学院郑坚强、河南农业大学张平安、河南省漯河市食品工业学校周婧琦副主编，郑州轻工业学院高愿军审稿。全书编写分工如下：第一章、第三章由张平安编写，第二章、第六章由信阳农业高等专科学校豆成林编写，第四章、第十二章由郑坚强编写，第五章由郑州轻工业学院司俊玲编写，第七章由河南农业大学庞凌云编写，第八章由豆成林及河南省漯河市食品工业学校赵俊芳编写，第九章由祝美云、张平安编写，第十章由庞凌云、祝美云编写，第十一章由郑坚强、周婧琦编写。

在本书的编写过程中，得到了化学工业出版社和有关院校领导以及工作人员的大力支持和热情帮助，谨在此表示衷心感谢。

由于编者水平有限，加上编写时间仓促，书中难免有不妥之处，敬请读者批评指正。

编　者

2007 年 6 月

目　录

第一章 绪 论

第一节 食品感官评价定义及发展史

一、食品感官评价的定义及意义

食品感官评价（评估、评定、鉴评、检验）由来已久，但是真正意义上的感官评价还只是近几十年发展起来并逐步完善的。在食品的可接受性方面，它的可靠性、可行性、不可替代性逐步为人们所认识。各种食品都具有一定的外部特征，消费者习惯上都凭感官来决定产品的取舍。所以，作为食品不仅要符合营养与卫生的要求，还必须能为消费者所接受。其可接受性通常不能由化学分析和仪器分析结果来作出结论。因为用化学分析和仪器分析方法虽然能对食品中各组分的含量进行测定，但并没有考虑组分之间的相互作用和对感官的刺激情况，缺乏综合性判断。

食品感官评价是用于唤起、测量、分析和解释产品通过视觉、嗅觉、触觉、味觉和听觉对食品感官品质所引起反应的一种科学的方法。通俗的讲就是以"人"为工具，利用科学客观的方法，借助人的眼睛、鼻子、嘴巴、手及耳朵，并结合心理、生理、物理、化学及统计学等学科，对食品进行定性、定量的测量与分析，了解人们对这些产品的感受或喜爱程度，并测知产品本身质量的特性。

从这个定义可以看到以下两点。第一，感官评价包括所有感官的活动，对某个产品的感官反应是多种感官反应结果的综合，比如，让你去评价一个苹果的颜色，但不用考虑它的气味，但实际的结果是，你对苹果颜色的反应一定会受到其气味的影响。第二，感官评价是建立在几种理论综合的基础之上的，这些理论包括实验的、社会的及心理学、生理学和统计学，对于食品来讲，还有食品科学和技术的知识。

感官评价包括一系列精确测定人对食品反映的技术，把对品牌中存在的偏见效应和一些其他信息对消费者感觉的影响降到最低。同时它试图解析食品本身的感官特性，并向产品开发者、食品科学家和管理人员提供关于其产品感官性质的重要而有价值的信息。从消费者的角度来看，食品和消费品厂家有一套感官评价程序，也有助于确保消费者所期望的既有良好的质量又有满意的感官品质的产品进入市场。感官评价对新产品的开发、产品的改进、降低成本、品质保证和产品优化方面提供了强有力的技术支持。

二、食品感官评价的起源与发展

自人类开始评价食品、水以及其他使用和消费物品时，就自觉或不自觉地进行了感官评价。贸易的出现极大地促进了较正式感官评价的发展。希望通过抽样检验代表整个物品质量的买主，其仅检验整船货物的部分样品。卖主开始根据对物品质量的评价确定其价格。随着社会经济的发展，人们发展了酒、茶、咖啡、奶油、鱼类和肉类等项目。任何一门学科的发展都不可能脱离其他学科，食品感官评价的发展历史足以证明这一点。要获得令人信服的感官评价结果，就必须以统计学原理作为保证，而人的感官生理学和心理学的原理是进行感官评价的基础，这三门学科构成了现代感官评价的三大支柱。另外，电子计算机技术的发展也必将影响和推动感官评价的发展。

(一) 引入统计学方法

英国著名的推测统计学家 R. A. Fisher 在 1935 年著的《实验计划法》一书中，记载了一个与感官评价有关的实验，这是首次将统计学方法应用在感官评价中的例子。当时，英国有一位妇女自称可以分辨出奶茶中的红茶和牛奶是哪一种先加的。为此，R. A. Fisher 设计了一个方案验证她的说法。他冲了 8 杯奶茶，其中 4 杯是先加红茶后加牛奶，另外 4 杯顺序相反。然后随机递送，并预先告诉她加入顺序不同的奶茶各是 4 杯，要求她分出各自相同的 2 组。实验结果表明，这位妇女实际上并不具备自称的那种分辨能力，因为在总共 70 次实验中，她仅分对 1 次，正确率为 1.4%，所以，即使分对了，也可以认为是偶然所致。这种实验方法现在称为类别检验。但是，真正把统计学方法应用于感官分析的首推 S. Keber，他在 1936 年，首次采用 2 点实验法，感官评价了肉的嫩度。

感官评价作为一种以人的感觉为测定手段或测定对象的方法，误差是不可避免的，但是，引入统计学方法后，可以有效合理地纠正误差带来的影响，并且使感官分析法成为一种有说服力的科学测定方法。

(二) 引入心理学的方法

心理学具有悠久的历史，发展至今至少有 2000 多年了。但在很长的一段时间内，心理学一直作为哲学的一部分使用，它成为一门独立的学科是在 19 世纪后期。在感官评价中，引入了许多心理学的内容。当然，感官评价与心理学的研究目的迥然不同，但心理学的许多测定技术可以直接应用于感官评价。

(三) 引入生理学的方法

人类对外界刺激均有愉快或不悦的感觉。在产生感觉的同时，脉搏、呼吸、血压、脑电波、心电图、眼球等身体各器官都有某些变动。人类的感觉器官对于不同刺激，具有不同的生理变化。把这些生理变化通过电信号记录下来，可以防止某些感官评价员为了某种目的而撒谎。

（四）引入电子计算机技术

在感官评价领域中，电子计算机技术的应用和发展包括以下两个方面。

1. 利用电子计算机处理分析结果

感官评价的组织者可以随时调用任何一个编好的程序。每次检验后，只需要将每个感官评价员的姓名、结果等有关信息输入计算机，计算机就能自动将零散数据分类、排列计算，并得出结论。然后，根据组织者的要求，打印出有关检验的分析结果报告单或其他需要了解的内容。

2. 在感官评价室中的使用

组织者控制一台电子计算机，在每个评价员的座位前联结一个计算机终端，形成一个小型计算机网络。管理者通过计算机提示给感官评价员有关检验的各项内容和要求，评价员则通过终端把分析结果通知组织者，同时也可以向组织者提出问题，检验结束后，计算机马上就可以输出检验结果。这些结果同时被储存在计算机的硬盘或软盘中，可供组织者随时了解检验的结果，或每个评价员以往的工作成绩。

第二节　食品感官评价的方法

食品感官评价的方法很多，目前公认的感官评价方法有三大类，每一类方法均有不同的目标和具体的方法（见表1-1）。

表1-1　食品感官评价的方法

方　　法	核　心　问　题	具　体　方　法
区别检验法	产品之间是否存在差别	成对比较检验法、3点检验法、2-3点检验法、A-非A检验法、5选2检验法
描述分析法	产品的某项感官特性如何	风味剖析法、定量描述分析法
情感实验法	喜爱哪种产品或对产品的喜爱程度如何	快感检验

区别检验是感官评价中最简单的检验方法，它仅仅是回答两种类型产品间是否存在不同，这类检验包括多种方法，如成对比较检验法、3点检验法、2-3点检验法、A-非A检验法、5选2检验法等（后续章节中将作详细讲解）。这一类检验已在实际应用中获得广泛采用。

第二类感官评价方法是对产品感官性质感知强度量化的检验方法，这些方法主要是进行描述分析。它包括两种方法。第一种方法是风味剖析法，主要依靠经过训练的评价小组。这一方法首先对小组成员进行全面训练以使他们能够分辨一种食品的所有风味特点，然后通过评价小组成员达成一致性意见，形成对产品的风味和风味特征的描述词汇、风味强度、风味出现的顺序、余味和产品的整体印象。第二种方法称为定量描述分析法，也是首先对评价小组成员进行训练，确定标准化的词汇以描述产品间的感官差异之后，小组成员对产品进行独立评价。描述分析法是最全面、信息量最大的感官评定工具，它适用于表述各种产品的变化和食品研发中的问题。

第三类感官评价方法主要是对产品的好恶程度量化的方法，称作快感或情感法。快感检验是选用某种产品的经常性消费者 75～150 名，在集中场所或感官评价较方便的场所进行该检验。

最普通的快感标度主要是 9 点快感标度，包括极端喜欢、非常喜欢、一般喜欢、稍微喜欢、既不喜欢也不厌恶、稍微厌恶、一般厌恶等。这也是已知的喜爱程度的标度，这一标度已得到广泛的普及。样品被分成单元后提供给评价小组，要求评价小组表明他们对产品标度上的快感反应。

第三节　食品感官评价在食品工业中的应用

食品感官评价技术是现代食品工业中不可缺少的技术。通过人的感觉器官对产品感知后进行分析评价，大大提高了工作效率，并解决了一般理化分析所不能解决的复杂的生理感受问题。通过感官评价不仅可以很好地了解、掌握产品的各种性能，而且为产品的管理与控制提供了理论和实践依据。它在食品工业中的应用主要体现在下面几个方面。

一、食品感官评价用于市场调查

（一）市场调查的目的和要求

市场调查的目的：一是了解市场走向，预测产品形式，即市场动向调查；二是了解试销产品的影响和消费者意见，即市场接受程度调查。两者都是以消费者为对象，所不同的是前者多是对流行于市场的产品进行的，后者多是对企业所研制的新产品开发进行的。感官评价是市场调查中的组成部分，并且感官评价学的许多方法和技巧也被大量运用于市场调查中。但是，市场调查不仅是了解消费者是否喜欢某种产品，更重要的是了解其喜欢的原因或不喜欢的理由，从而为开发新产品或改进产品质地提供依据。

（二）市场调查的对象和场所

市场调查的对象应该包括所有的消费者。但是，每次市场调查都应根据产品的特点，选择特定的人群作为调查对象。如老年食品应以老年人为主，大众性食品应选低等、中等和高等收入家庭成员各 1/3。营销系统人员的意见也应起很重要的作用。市场调查的人数每次不应少于 400 人，最好在 1500～3000 人之间。人员的选定以随机抽样方式为基本方法，也可采用整群抽样法和分等按比例抽样法，否则有可能影响调查结果的可信度。市场调查的场所通常是在调查对象的家中进行。

（三）市场调查的方法

市场调查一般是通过调查人员与调查对象面谈来进行的。首先由组织者统一制作答题纸，把要进行调查的内容写在答题纸上。调查员登门调查时，可以将答题纸交于调查对象并要求他们根据调查要求直接填写意见或看法，也可以由调查人员根据答题要求与调查对象进行面对面问答或自由问答，并将答案记录在答题纸上，调查中常常采用顺位实验、选择实验、成对比较实验等方法，并将结果进行相应的统计分析，从而分析出可信的结果。

二、食品感官评价应用于新产品的开发

作为一个食品加工企业，要不断开发出适合于消费者的"新食品"，在此过程中，市场调查必不可少，通过调查不仅可以了解消费者是否喜欢该类产品以及喜欢的程度，更重要的是可以了解喜欢或不喜欢的理由，以便于改变开发方向。一般调查都以问卷形式展开，采用感官评价中的描述性检验、嗜好性检验和成对比较检验等方法获得有效数据，再对数据进行统计处理分析，从而整理出新产品开发的正确思路。

有了市场的需求和正确的方向后，即进入新产品的开发研制阶段。依据调查的结果，针对消费者对新产品色、香、味、外观、组织状态、包装形式和营养等多方面需要进行开发。在研制过程中更是离不开感官评价方法。因为当研制出一个新的配方产品后，需及时请品评者和相关消费者采用描述性实验、嗜好性检验等方法，对不同配方的实验品进行品尝，作出相关评价和改进意见，便于下一步的实施，并对产品进行不断完善，这一过程也许要经过几十次甚至更多次的重复，直至研制出的产品能够满足大多数消费者的需求。此时产品的最终设计方案已确定。

三、食品生产中产品的质量控制

"质量就是生命"，一个优秀的食品企业都必须通过国家质量体系认证的许可方能进行生产和销售，所以食品质量控制尤为重要。食品质量包括多个方面，而感官质量又是其中至关重要的一点。食品的感官品质包括色、香、味、外观形态、稀稠度等，是食品质量最敏感的部分，因为每个消费者面对一产品时，首先是它的一些感官品质映入眼帘，然后才会感觉到是否喜欢以及下定决心购买与否。所以产品的

感官质量直接关系到产品的市场销售情况。为保证产品的质量，食品企业所生产出的每批产品都必须通过训练有素的具有一定感官评价能力的质控人员检验合格后方能进入市场。

复 习 题

1. 什么是食品的感官评价？它有何实际意义？
2. 食品感官评价是如何起源的？
3. 食品感官评价的方法主要有哪几大类？
4. 食品感官评价在食品工业中有何作用？

第二章 食品感官评价的基础

第一节 人的感觉的概述

一、感觉的定义和分类

人类在生存的过程中时时刻刻都在感知自身存在的外部环境，这种感知是多途径的，并且这种感知大多都是通过人类在进化过程中不断变化的各种感觉器官来分别接受这些引起感官反应的外部刺激，然后经大脑分析而形成对客观事物的完整认识。按照这样的观点，感觉应是客观事物的不同特性在人脑中引起的反应。比如饼干作用于感官时，通过视觉可以感受到它的颜色，通过味觉可以感受到它的味道，通过触摸或咀嚼可以感受到软硬等。感觉是最简单的心理过程，是形成各种复杂心理的基础。

人类具有多种感觉，感觉会对外界的化学及物理变化产生反应。人类的感觉可划分成五种基本感觉，即视觉、听觉、触觉、嗅觉和味觉。视觉是由位于人眼中的视觉受体接受外界光波辐射能的变化而产生。位于耳中的听觉感受体和遍布全身的触感神经接受外界压力变化后，则分别产生听觉和触觉。人体口腔内带有味感受体而鼻腔内有嗅感受体，当它们分别与呈味物质和呈嗅物质发生化学反应时，会产生相应的味觉和嗅觉。视觉、听觉和触觉是由物理变化而产生，味觉和嗅觉则是由化学变化而产生。

除上述的五种基本感觉外，人类可辨认的感觉还有温度觉、痛觉、疲劳觉等多种感觉。

二、感觉的度量及阈值

感官或感受体并不是对所有的变化都产生反应。只有当引起感受体发生变化的外界刺激处于适当的范围内时，才能产生正常的感觉。刺激量过大或过小都会造成感受体无反应而不产生感觉或反应过于强烈而失去感觉。例如人眼只对波长为 $380\sim780nm$ 光波产生的辐射能量变化才有反应。因此，对各种感觉来说都有一个感受体所能接受的外界刺激变化范围。感觉阈就是指感官或感受体对所能接受范围的上下限和对这个范围内最微小变化感觉的灵敏度。依照测量技术和目的的不同，可以将各种感觉的感觉阈分为下列两种。

（1）绝对阈。是指以产生一种感觉的最低刺激量为下限，以导致感觉消失的最高刺激量为上限的一个范围值。低于该下限值的刺激称为阈下刺激，高于该上限值的刺激称为阈上刺激，而刚刚能引起感觉的刺激称为刺激阈或察觉阈。阈上刺激或阈下刺激都不能产生相应的感觉。

（2）差别阈。是指感官所能感受到的刺激的最小变化量。差别阈不是一个恒定值，它会随一些因素而变化。

三、感觉疲劳和感觉的变化

（一）感觉疲劳

感觉疲劳是经常发生在感官上的一种现象。各种感官在同一种刺激施加一段时间后，均会发生不同程度的疲劳。疲劳现象发生在感官的末端神经、感受中心的神经和大脑的中枢神经，疲劳的结果是感官对刺激灵敏度急剧下降。嗅觉器官若长时间嗅闻某种气味，就会使嗅觉受体对这种气味产生疲劳，敏感性逐渐下降，随时间的延长甚至达到忽略这种气味存在的程度。例如，刚刚进入出售新鲜鱼品的鱼店时，会嗅闻到强烈的鱼腥味，随着到鱼店逗留时间的延长，所感受到的鱼腥味渐渐变淡。对长期工作在鱼店的人来说甚至可以忽略这种鱼腥味的存在。对味道也有类似现象发生，刚开始食用某种食物时，会感觉到味道特别浓重，随后味觉逐步降低。感觉的疲劳以所施加刺激强度的不同而有所变化，在去除产生感觉疲劳的强烈刺激之后，感官的灵敏度还会逐步的恢复。一般情况下，感觉疲劳产生越快，感官灵敏度恢复就越快。

（二）感觉的变化

心理作用对感觉的影响是特别微妙的，它可使感觉产生下列变化。

1. 对比增强现象

当两个刺激同时或相续存在时，把一个刺激的存在造成另一个刺激增强的现象称为对比增强现象。在感觉这两个刺激的过程中，两个刺激量都未发生变化，而感觉上的变化只能归于两种刺激同时或先后存在时对人心理上产生的影响。对比增强现象有同时对比或先后对比两种。在 15g/ml 蔗糖液中加入 17g/L 的氯化钠后会感觉甜度比单纯的 15g/ml 蔗糖液要高。深浅不同的同种颜色放在一起比较时，会感觉深颜色者更深，浅颜色者更浅。这些都是常见的同时对比增强现象。在吃过糖后，再吃山楂则感觉山楂特别酸。这是常见的先后对比增强现象。

2. 对比减弱现象

与对比增强现象相反，若一种刺激的存在减弱了另一种刺激，则这种现象称为对比减弱现象。

3. 变调现象

当两种刺激先后存在时，一种刺激造成另一个刺激的感觉发生本质变化的现象称为变调现象。例如：尝过氯化钠或奎宁后，即使再饮用无味的清水也会感觉有微微的甜味。

4. 相乘作用

当同时施加两种或两种以上的刺激时，感觉水平超出每种刺激单独作用效果的叠加的现象称为相乘作用。例如，20g/L味精和20g/L的核苷酸共存时，会使鲜味明显增强，增加的程度超过20g/L味精单独存在的鲜味与20g/L的核苷酸单独存在的鲜味的加和。

5. 阻碍作用

当某种刺激的存在阻碍了对另一种刺激的感觉时称为阻碍作用。例如，产于西非的神秘果会阻碍味感受体对酸味的感觉。在食用过神秘果后，再食用带有酸味的物质也感觉不出酸味。

第二节 味 觉

一、味觉的概念与分类

味觉是可溶性呈味物质溶解在口腔中对味感受体进行刺激后产生的反应。味觉一直是人类对食物进行辨别、挑选和决定是否予以接受的主要因素之一。同时由于食品本身所具有的风味对相应味觉的刺激，使得人类在进食的时候产生相应的精神享受。味觉在食品感官评价中占据重要地位。

酸、甜、咸、苦是味感中的四种基本味道。它们以不同的浓度和比例组合时就可形成自然界千差万别的各种味道。例如，无机盐溶液带有多种味道，这些味道都可以用蔗糖、氯化钠、酒石酸和奎宁以适当的浓度混合而呈现出来。

四种基本味道对味感受体产生不同的刺激，这些刺激分别由味感受体的不同部位或不同成分所接收，然后又由不同的神经纤维所传递。四种基本味道被感受的程度和反应时间差别很大，四种基本味道用电生理法测得的反应时间为0.02～0.06秒。咸味反应时间最短，甜味和酸味次之，苦味反应时间最长。

除四种基本味道外，鲜味、辣味、碱味和金属味等也列入味觉之列。

二、味觉生理学

通常味感觉往往是味觉、嗅觉、温度觉和痛觉等几种感觉在口内的综合反应。口腔内舌头上隆起的部分——乳头是最重要的味感受器。在乳头上分布有味蕾。味蕾是味的受体，它的形状就像一个膨大的上面开孔的纺锤。在中间含有5～18个成熟的味细胞及一些尚未成熟的味细胞，同时还含有一些支持细胞及传导细胞。在味蕾有孔的顶端存在着许多长约 $2\mu m$ 的微丝，正是由于有这些微丝才使得呈味物质能够被迅速吸附。味蕾中的味细胞寿命不长，从味蕾边缘表皮细胞上有丝分裂出来后只能存活 $6\sim8$ 天。因此，味细胞一直处于变化状态。成年人的味蕾主要分布于舌头的味觉乳头上，但这种分布并不呈均匀状态。例如，在舌头前部有大量乳头状组织存在，但这些乳头状组织大多数是没有味蕾的丝状乳头和发育不完全的叶状乳头，对味觉作用不大。舌头的表面示意见图2-1，带有味蕾的感受器细胞见图2-2。

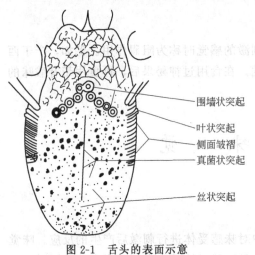

围墙状突起
叶状突起
侧面皱褶
真菌状突起
丝状突起

图 2-1 舌头的表面示意

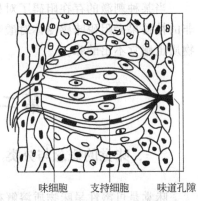

味细胞   支持细胞   味道孔隙

图 2-2 带有味蕾的感受器细胞

由于舌表面的味蕾乳头分布不均匀，而且不同味道所引起刺激的乳头数目不相同，因此造成舌头各个部位感觉味道的灵敏度有所差别。比如，舌尖容易感觉甜味和咸味，苦味则在舌后部感觉较为灵敏，许多食物直到下咽时才能感觉到苦味就是这个原因造成的，酸味在舌两侧感觉较易。舌头上味觉敏感部位见图2-3。

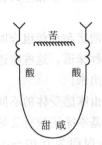

图 2-3 舌头上味觉敏感部位示意图

味觉产生的过程是：可溶性呈味物质进入口腔后，在舌头肌肉运动作用下呈味物质与味蕾相接触，然后呈味物质刺激味蕾中的味细胞，这种刺激再以脉冲的形式通过神经系统传至大脑，经分析后产生味觉。

三、味觉的相互影响

(一)影响味觉的因素

1. 温度的影响

温度对味觉的影响表现在味阈值的变化上。感觉不同味道所需要的最适温度有明显差别。在四种基本味道中甜味和酸味的最佳感觉温度在 35～50℃，咸味的最适感觉温度为 18～35℃，而苦味则是 10℃。各种味道的察觉阈会随温度的变化而变化，这种变化在一定温度范围内是有规律的。比如，甜味的阈值在 17～37℃ 范围内逐渐下降，而超过 37℃ 则回升。咸味和苦味阈值在 17～42℃ 的范围内随温度的升高而提高。酸味在此温度范围内阈值变化不大。

2. 介质的影响

由于呈味物质只有在溶解状态下才能扩散至味感受体进而产生味觉，因此味觉也会受呈味物质所处介质的影响。介质的黏度会影响可溶性呈味物质向味感受体的扩散，介质的性质会降低呈味物质的可溶性或抑制呈味物质有效成分的释放。

呈味物质浓度与介质影响也有一定关系。在阈值浓度附近时，咸味在水溶液中比较容易感觉，当咸味物质浓度提高到一定程度时，则变成在琼脂溶液中比在水溶液中更易感觉。

3. 身体状态的影响

（1）疾病的影响。身体患某些疾病或发生异常时，会导致失味、味觉迟钝或变味。这些由于疾病而引起的味觉变化有些是暂时性的，待恢复后味觉可以恢复正常，有些则是永久性的变化。

（2）饥饿和睡眠的影响。人处在饥饿状态下会提高味觉敏感性。四种基本味道的敏感性在上午 11：30 达到最高。在进食后 1 小时内敏感性明显下降，降低的程度与所饮用食物的热量值有关。人在进食前味觉敏感性很高，而进食后味觉敏感性下降。

缺乏睡眠对咸味和甜味阈值不会产生影响，但是能明显提高酸味的阈值。

（3）年龄。年龄对味觉敏感性是有影响的，这种影响主要发生在 60 岁以上的人群中。老年人会经常抱怨没有食欲感及很多食物吃起来无味。感官实验证实，60 岁以下的人味觉敏感性没有明显变化，而年龄超过 60 岁的人则对咸、酸、苦、甜四种基本味道的敏感性显著降低。造成这种情况的原因，一方面是年龄增长到一定程度后，舌乳头上平均味蕾数为 245 个，可是到 70 岁以上时，舌乳头上平均味蕾数只剩 88 个；另一方面，老年人自身所患的疾病也会阻碍对味道感觉的敏感性。

（二）各种味道之间的相互作用

自然界中大多数呈味物质的味道不是单纯的基本味道，而是两种或两种以上的味道组合而成。食品经常含有两种、三种甚至四种基本味道。因此，不同味道之间的相互作用对味觉有重大影响。补偿作用是指在某种呈味物质中加入另一种物质后阻碍了它与另一种相同浓度呈味物质进行味感比较的现象。竞争作用是指在呈味物质中加入另一种物质而没有对原呈味物质的味道产生影响的现象。表 2-1 列出了咸味（氯化钠）、酸味（盐酸、柠檬酸、醋酸、乳酸、苹果酸、酒石酸）和甜味（蔗糖、葡萄糖、麦芽糖、乳糖）相互之间补偿作用和竞争作用的研究结果。

表 2-1　基本味道之间的补偿作用和竞争作用

实验物	氯化钠	盐酸	柠檬酸	醋酸	乳酸	苹果酸	酒石酸	蔗糖	葡萄糖	果糖	麦芽糖	乳糖
氯化钠	···	±	+	+	+	+	+	−	−	−	−	−
盐酸	···	···	···	···	···	···	···	−	−	−		
柠檬酸	···		···					−	−	−		
醋酸	···			···				−	−			
乳酸	···				···			−				
苹果酸	···	···	···			···		−	−	−		
酒石酸	···						···	−	−			
蔗糖	+	±	+	±	+	+	+	···	···	···	···	···
葡萄糖	+	−	±	−	±	±	±		···			
果糖	+	±	±	+	±	−	−			···		
麦芽糖	+										···	
乳糖	+											···

注：±为竞争作用；＋或一为补偿作用；···为未实验。

通过这些结果可得如下结论。

（1）低于阈值的氯化钠只能轻微降低醋酸、盐酸和柠檬酸的酸味感，但是能明显降低乳酸、酒石酸和苹果酸的酸味感。

（2）氯化钠按下列顺序使糖的甜度增高：蔗糖、葡萄糖、果糖、乳糖、麦芽糖，其中蔗糖甜度增高程度最小，麦芽糖甜度增高程度最大。

（3）盐酸不影响氯化钠的咸味，但其他酸都可增加氯化钠的咸味感。

（4）酸类物质中除盐酸和醋酸能降低葡萄糖的甜味感外，其他酸对葡萄糖的甜味无影响。乳酸、苹果酸、柠檬酸和酒石酸能增强蔗糖的甜味，而盐酸和醋酸保持蔗糖甜味不变。在酸类物质对蔗糖甜味的影响中，味之间的相互作用是主要因素，而不是由于酸的存在促进了蔗糖转化造成甜味变化。

（5）糖能减弱酸味感，但对咸味影响不大。除苹果酸和酒石酸外，不同的糖类物质降低其他酸类物质的酸味程度几乎相同。

由于味道之间的相互作用受多种因素的影响，使这方面的研究工作困难较多。呈味物质相混合并不是味道的简单叠加，因此味之间的相互作用不可能用呈味物质与味感受体作用的机理进行解释，只能通过感官评价员去感受味相互作用的结果。采用这样的手段进行分析时，评价员的感官灵敏性和所用实验方法对结果影响很大，尤其在浓度较低时影响更大，只有聘用经过训练的感官评价人员才能获得比较可靠的结果。

四、食品的味觉识别

1. 四种基本味道的识别

制备甜（蔗糖）、咸（氯化钠）、酸（柠檬酸）和苦（咖啡碱）四种呈味物质的两个或三个不同浓度的水溶液，按规定号码排列成序（见表2-2），然后依次品尝各样品的味道。品尝时应注意品尝技巧，样品应一点一点地啜入口内，并使其滑动以接触舌的各个部位（尤其应注意使样品能达到感觉酸味的舌边缘部位）。样品不得吞咽，在品尝两个样品的中间应用35℃的温水漱口去味。

表2-2　四种基本味道的识别

样　　品	基本味觉	呈味物质	实验溶液/(g/100ml)
A	酸	柠檬酸	0.02
B	甜	蔗糖	0.40
C	酸	柠檬酸	0.03
D	苦	咖啡碱	0.02
E	咸	氯化钠	0.08
F	甜	蔗糖	0.60
G	苦	咖啡碱	0.03
H	一	水	
I	咸	氯化钠	0.15
J	酸	柠檬酸	0.04

2. 四种基本味道的察觉阈实验

味觉识别是味觉的定性认识，阈值实验才是味觉的定量认识。制备一种呈味物质（蔗糖、氯化钠、柠檬酸或咖啡碱）的一系列浓度的水溶液（见表2-3），然后按浓度增加的顺序依次品尝，以确定这种味道的察觉阈。

表2-3　四种基本味道的察觉阈

蔗糖浓度 /(g/100ml)（甜）	氯化钠浓度 /(g/100ml)（碱）	柠檬酸浓度 /(g/100ml)（酸）	咖啡碱浓度 /(g/100ml)（苦）
0.00	0.00	0.000	0.000
0.05	0.02	0.005	0.003
0.1	0.04	0.010	0.004
0.2	0.06	0.013	0.005
<u>0.3</u>	0.03	<u>0.015</u>	0.006
0.4	0.10	0.018	0.008
0.5	<u>0.13</u>	0.020	0.010
0.6	0.15	0.025	0.015
0.6	0.18	0.030	0.020
1.0	0.20	0.035	0.30

注：有下划线的为平均阈值。

第三节　嗅　　觉

一、嗅觉的概念与分类

（一）嗅觉的概念

嗅觉是一种基本感觉。它是指呈味的气体物质进入鼻腔，对嗅感细胞刺激而产生的感觉。它比视觉原始，比味觉复杂。在人类没有进化到直立状态之前，原始人主要依靠嗅觉、味觉和触觉来判断周围环境。随着人类转变成直立状态，视觉和听觉成为最重要的感觉，而嗅觉等退至次要地位。尽管现在嗅觉已不是最重要的感觉，但嗅觉的敏感性还是比味觉敏感性高很多。

食品除含有各种味道外，还含有各种不同气味。食品的味道和气味共同组成食品的风味特征，影响人类对食品的接受性和喜好性。因此，嗅觉与食品有密切的关系，是进行感官评价时所使用的重要感觉之一。

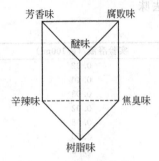

图 2-4　气味三棱体

（二）分类

与能够引起味觉反应的呈味物质相类似，气味是能够引起嗅觉反应的物质，是物质或可感受物质的特性。气味三棱体见图 2-4。两种典型的气味分类法见表 2-4。

表 2-4　两种典型的气味分类法

索额底梅克分类法 （Zwardemaker）		舒茨分类法 （Schutz）	
气味类别	实例	气味类别	实例
芳香味	樟脑、柠檬醛	芳香味	水杨酸甲酯
香脂味	香草	羊脂味	乙硫醇
刺激辣味	洋葱、硫醇	醚味	1-丙醇
羊脂味	辛酸、奶酪	甜味	香草
恶臭味	粪便	败味	丁酸
腐臭味	某些茄属植物气味	油腻味	庚醇
		焦糊味	愈创木酚
醚味	水果味、醋酸	金属味	己醇
焦糊味	吡啶、苯酚	辛辣味	苯甲醛

二、嗅觉的特性及识别

（一）嗅觉的特性

1. 嗅觉疲劳

嗅觉疲劳是嗅觉的重要特征之一，它是嗅觉长期作用于同一种气味刺激而产生的适应现象。嗅觉疲劳比其他的感觉疲劳都要突出。嗅觉疲劳存在于嗅觉器官末端，感受中心为神经和大脑中枢。嗅觉疲劳具有以下三个特征。

（1）施加刺激到嗅觉疲劳或嗅感消失有一定的时间间隔。

（2）在产生嗅觉疲劳的过程中，嗅味阈逐渐增加。

（3）嗅觉对一种刺激疲劳后，嗅感灵敏度再恢复需要一定的时间。

由于气味种类繁多，性质各异，而嗅觉过程又受多种因素的影响。因此，嗅觉的疲劳时间和疲劳过程中阈值的增加值绝大多数都是通过实际测定而取得的。

2. 嗅觉的相互影响

气味与色彩、味道不同，混合后会产生多重结果。当两种或两种以上的气味混合到一起时，可能产生下列结果之一。

（1）气味混合后，某些主要气味特征受到压制或消失，这样无法辨认混合前的气味。

（2）混合后气味特征变为不可辨认特征即混合后无味。这种结果又称中和作用。

（3）混合中某种气味被压制而其他的气味特征保持不变，即失掉了某种气味。

（4）混合后原来的气味特征彻底改变，形成一种新的气味。

（5）混合后保留部分原来的气味特征，同时又产生一种新的气味。

气味混合中比较引人注意的是用一种气味去改变或遮盖另一种不愉快的气味，即"掩盖"。气味掩盖在食品上也经常应用。例如，添加肌苷二钠盐能减弱或消除食品中的硫味；在鱼或肉的烹调过程中，加入葱、姜等调料可以掩盖鱼肉腥味。

（二）嗅觉识别

1. 嗅觉识别过程

鼻腔是人类感受气味的嗅觉器官，其解剖图见图 2-5。在鼻腔的上部有一块对气味异常敏感的区域，称为嗅感区或嗅裂。嗅感区内的嗅黏膜是嗅觉感受体。嗅黏膜呈不规则形状，面积为 $2.7\sim5\mathrm{cm}^2$，厚度约 $60\mu m$，其上布满了嗅细胞、支持细胞和基细胞。嗅细胞是嗅觉感受体中最重要的成分。嗅细胞很小，直径约 $5\mu m$，形状为纺锤形，细胞中有圆形的核。在嗅细胞上有两种神经纤维，一种是嗅觉神经纤维末梢（嗅毛），另一种是三叉状神经末梢。这两种神经末梢都是气味分子的直接受体。支持细胞位于嗅细胞之间，比嗅细胞宽，顶端直达黏膜表面，底部较窄。

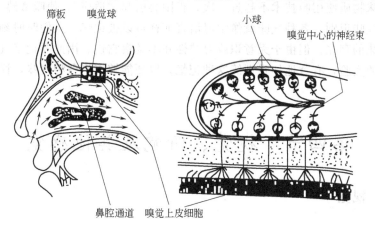

图 2-5 鼻腔解剖图

基细胞呈锥形，位于黏膜底部，在基细胞表面有许多突状结构与支持细胞以及相邻基细胞连接。空气中气味物质分子在呼吸作用下，首先进入嗅感区吸附和溶解在嗅黏膜表面，进而扩散至嗅毛，被嗅细胞所感受，然后嗅细胞将所感受到的气味刺激通过传导神经以脉冲信号的形式传递到大脑，从而产生嗅觉。

2. 嗅味阈和相对气味强度

（1）嗅味阈。嗅觉和其他感觉相似，也存在可辨认气味物质浓度范围和感觉气味浓度变化的敏感性问题。人类的嗅觉在察觉气味的能力上强于味觉，但对分辨气味物质浓度变化后气味相应变化的能力却不及味觉。由于嗅觉比味觉、视觉和听觉等感觉更易疲劳，而且持续时间比较长，影响嗅味阈测定的因素又比较多，因而准确测定嗅味阈比较困难。

（2）相对气味强度。相对气味强度是反映气味物质随浓度变化其气味感相应变化的一个特性。由于气味物质察觉阈非常低，因此很多自然状态存在的气味物质在稀释后，气味感觉不但没有减弱反而增强。这种气味感觉随气味物质浓度降低而增强的特性称为相对气味强度。各种气味物质的相对气味强度不同，除浓度影响相对气味强度外，气味物质结构也会影响相对气味强度。

3. 食品的嗅觉识别

（1）嗅技术。嗅觉受体位于鼻腔最上端的嗅上皮内。在正常的呼吸中，吸入的空气并不倾向于通过鼻上部，多通过下鼻道和中鼻道。带有气味物质的空气只有极少量缓慢地通入鼻腔嗅区，所以只能感受到轻微的气味。要使空气到达这个区域获得一个明显的嗅觉，就必须做适当用力的吸气（收缩鼻孔）或煽动鼻翼做急促的呼吸。并且把头部稍微低下对准被嗅物质，使气味自下而上地通入鼻腔，使空气易形成急驶的涡流，气体分子较多地接触嗅上皮，从而使嗅觉更加明显。

这样一个嗅过程就是所谓的嗅技术（或闻）。嗅技术并不适应所有气味物质，如一些能引起痛感的含辛辣成分的气味物质。因此，使用嗅技术要非常小心。通常对同一气味物质使用嗅技术不超过三次，否则会引起"适应"，使嗅敏感下降。

（2）气味识别。各种气味就像学习语言那样可以被记忆。人们时时刻刻都可以感觉到气味的存在，但由于无意识或习惯性并不觉察它们。因此要记忆气味就必须设计专门的实验，有意地加强训练这种记忆，以便能够识别各种气味，详细描述其特征。

第四节　视觉、听觉及其他感觉

一、视觉

视觉是人类主要的感觉之一，绝大部分外部信息都要靠视觉来获取。视觉是认识周围环境、建立客观事物第一影响的最直接和最间接的途径。由于视觉在各种感觉中占有重要地位，因此在食品感官评价中，视觉起着相当重要的作用。

（一）视觉的生理特性

视觉是眼球接受外界光线刺激后产生的感觉。眼球形状为圆球形，其表面由三层组织构成。最外层是起保护作用的巩膜，它的存在使眼球免遭损伤并保持眼球形状。中间一层是布满血管的脉络膜，它可以阻止多余光线对眼球的干扰。最内层大部分是对视觉感觉最重要的视网膜，视网膜上布满柱形和锥形的光敏细胞。在视网膜的中心位置只有锥形光敏细胞，这个区域对光线最敏感。眼球面对外界光线部分有一块透明的凸状体称为晶状体，晶状体的弯曲程度可以通过睫状肌的运动而变化以保持外界物体的图像始终集中在视网膜上。晶状体的前部是瞳孔，这是一个中心带孔的薄肌隔膜，瞳孔直径可以变化以控制进入眼球的光线。

产生视觉的刺激物质是光波，但不是所有的光波都能被人体所感受，只有波长在 380～780nm 范围内的光波才是人眼可接受光波。超出或低于该波长的光波都是不可见光。外部光线进入眼球后集中在视网膜上，视网膜的光敏细胞接受这些光刺激后自身发生变化而诱发电脉冲，这些脉冲经神经传导到大脑，再由大脑转换成视觉。

（二）视觉的感觉特征

1. 闪烁效应

当有一系列明暗交替的光线刺激眼球时，就会产生闪烁感觉。随刺激频率的增加，到一定程度时，闪烁感觉消失，由连续的光感所代替。

2. 色彩视觉

色彩视觉通常与视网膜上的锥形细胞和适宜光线有关系。在锥形细胞上有三种类型的感受体，每一类型只对一种基色产生反应。当代表不同颜色的不同波长的光波以不同的强度刺激光敏细胞时，产生彩色感觉。对色彩的感觉还受到亮度的影响。在亮度很低时只能分辨物体的外形、轮廓，分辨不出物体的色彩。每个人对色彩的分辨能力有一定的差异。不能正确地辨认红色、绿色和蓝色的现象称为色盲。色盲对食品感官评价有影响，在感官评价人员的筛选时要注意这个问题。

3. 暗适应和亮适应

当从明亮处转向黑暗时，会出现视觉的短暂消失而后逐渐恢复的情形，这样一个过程称为暗适应。暗适应过程中，由于光线强度骤变，瞳孔迅速扩大以适应这种变化，视网膜也逐步提高自身的灵敏度使分辨能力增强。因此，视觉从一瞬间的最低程度逐渐恢复到该光线强度下的正常视觉。亮适应正好与此相反，是从暗处到亮处视觉逐步适应的过程。亮适应过程所经历的时间比暗适应短。这两种视觉效应与感官评价实验条件的选定和控制有关。

（三）视觉在食品感官评价中的作用

视觉虽不像味觉和嗅觉那样在食品感官评价中起决定性的作用，但仍有重要影响。食品的颜色变化会影响其他感觉。实验证实，只有食品处于正常的颜色范围内才会使味觉和嗅觉在对该食品的评价上正常发挥，否则这些感觉的灵敏度会下降，甚至不能正常感觉。颜色对分析评价食品有下列作用。

（1）便于挑选食品和判断食品的质量。食品的颜色比另外一些因素，诸如形状、质地等对食品的接受性和食品的质量影响更大、更直接。

（2）食品的颜色和接触食品的环境颜色可显著增加或降低人对食品的食欲。

（3）食品的颜色也决定其是否受人欢迎。备受喜爱的食品常常因为这种食品带有使人愉快的颜色。没有吸引力的食品，不受欢迎的颜色也是其中一个重要原因。

（4）通过各种经验的积累，可以掌握不同食品应该具有的颜色，并据此判断食品应该具有的特性。

二、听觉

听觉也是人类认识周围环境的重要感觉。听觉在食品的评价中主要用于某些特定的食品（如膨化谷物食品）和食品的某些特性（如质地）的评价上。

（一）听觉的感觉过程

听觉是接受声波刺激后而产生的一种感觉。感觉声波的器官是耳朵。人类的耳朵分为内耳、中耳和外耳。外耳由耳郭和外听道构成；内耳由半规管、前庭、耳蜗等构成。中耳由耳咽管、听骨、鼓膜构成。外界的声波以振动的方式通过空气介质传送至外耳，再经耳道、耳膜，进入耳蜗，此时声波的振动已由耳膜转化成膜振动，这种振动在耳蜗内引起耳蜗液体的相应运动而导致耳蜗后基膜发生移动，基膜移动刺激听觉神经，产生听觉脉冲信号，这种信号传至大脑即可感受到声音。

声波的振幅和频率是影响听觉的两个主要因素。声波振幅大小决定听觉感受声音的强弱。振幅大则声音强，振幅小则声音弱。声波振幅大小通常用声压或声压级表示，即分贝。频率是指声波每秒钟振动的次数，它是决定音调的主要因素。正常人只能感受频率为 $30 \sim 20000\,Hz$ 的声波，对其中 $500 \sim 4000\,Hz$ 频率的声波最敏感。频率变化时，感受到的音调也发生相应变化。通常把感受音调和音强的能力称为听力。和其他感觉一样，能产生听觉的最弱声信号为绝对听觉阈，而把辨别声变化的能力称为差别听觉阈。

（二）听觉在食品感评价中的作用

听觉在食品感官评价中有一定的作用，食品的质感特别是咀嚼食品时发出的声音，在决定食品可接受性方面和质量方面具有重要的作用。比如，焙烤食品中的酥脆饼干和其他一些膨化食品，在咀嚼时应该发出特有的声响。在一些特定的产品感官评价中，例如罐制品和蛋及蛋制品通过敲打或摇动，听其发出的声音可以判断其质量。声音对食欲也有一定的影响。

三、其他感觉

除味觉、嗅觉、视觉和听觉外，还有一些与食品感观评价有关的感觉，例如痛觉、温度觉等。

痛觉是一种难以定义的感觉。在许多情况下，过度的热接触、过强的光线或味道的刺激都会引起痛觉。在某些情况下，酥痒也伴随有痛觉。痛觉是由特殊的痛觉神经受到刺激而产生的。体内痛觉的大多数感受点上的痛觉末端器官就是触觉末端器官，因此痛觉可以看做是触觉的一种特殊形式。每个人痛觉的敏感差别很大，对一些人是不愉快的痛觉刺激，对另一些人却是愉快的感觉。例如一些人就喜欢辣椒的"热辣"痛感和烈性白酒的"灼烧"痛觉。

对这些食品的喜好除了生理上的差别外，也有对这些食品适应程度上的差别。

人体有许多部位可以感受到温度的差别。在这些能感受温度差别的区域有许多冷点和温点，当不同的温度刺激这些冷点和温点时，会产生温度觉。

温度对食品有较大影响，因此温度觉对食品感官评价有一定的作用。各种食品都有自己适宜的食用温度。啤酒适宜的饮用温度为 11～15℃，白葡萄酒适宜的饮用温度为 13～16℃，红葡萄酒适宜的饮用温度为 12～18℃。其中四种基本味道都有自己适宜的品尝温度。温度变化时，也会对其他感觉产生一定影响，气味物质的挥发就与温度有关系。在食品感官评价的外界条件上要充分考虑温度对感官评价的影响。

复 习 题

1. 什么是人类的感觉？人类四种基本感觉指的是什么？
2. 什么是绝对阈和差别阈？
3. 什么是感觉疲劳？心理作用对感觉产生哪些变化，并举例说明。
4. 影响味觉的因素有哪些？
5. 品尝样品的技巧是什么？
6. 嗅觉疲劳有哪些特征？
7. 视觉在食品感官评价中有哪些作用？

第三章　食品感官评价的基本条件

食品感官评价是以人的感觉为基础，通过感官评价食品的各种属性后，再经统计分析而获得客观结果的试验方法。因此，在感官评价过程中，其结果不但受客观条件的影响，也受主观条件的影响。食品感官评价的客观条件包括外部环境条件和样品的制备，而主观条件则涉及到参与感官评价实验人员的基本条件和素质。因此，对于食品感官评价实验，外部环境条件、参与实验的评价员和样品制备是实验得以顺利进行并获得理想结果的三个必备要素，只有在控制得当的外部环境条件中，经过精心制备所试样品和参与实验的感官评价员的密切配合，才能取得可靠而且重现性强的客观评价结果。

第一节　食品感官评价的环境条件

在食品感官评价过程中，环境条件对食品感官评价有很大的影响，这种影响主要体现在两个方面，即对感官评价人员心理和生理上的影响以及对样品品质的影响。通常，感官评价环境条件的控制都从如何创造最能发挥感官作用的氛围和减少其对评价人员的干扰和对样品质量的影响着手。因此，从这些要求出发，结合实验类型去考虑感官评价室的设置和各种条件的控制。

一、感官评价室的设计及规格

食品感官评价室由两个基本部分组成：试验区和样品制备区。若条件允许，也可设置一些附属部分，如办公室、休息室等。实验区是感官评价人员进行感官试验的场所，早期的食品感官评价室实验区因经济原因或使用频率低，通常没有专门的评价小间，往往采用一些临时性的布置，通常是将一张实验台分割成6～10个隔间，每个小隔间的桌面上都摆放上待检测的样品，这样可以防止感官评价员互相接触，从而避免受到干扰。按这种方式，普通实验室经过整理后也可暂时作为感官评价室（见图3-1）。

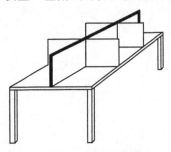

图3-1　简易感官评价室示意图

现在所使用的感官评价室实验区通常由多个（6～10个不等）相邻的而又互相隔开的评价小间构成。评价小间面积很小（0.9m×0.9m），只能容纳一名感官评价人员在内独自进行感官评价实验。每个评价小间内要有一个小窗口，用来传递样品。小间内要带有供评价员使用的工作台和座椅，同时要备有一大杯漱口用的清水和吐液用的容器，最好在工作台上配备固定的水龙头和漱口池。通常评价小间内还要配备数个一次性纸杯、餐巾纸、答题用的铅笔、电源插座和控制本房间的电源开关（见图3-2）。

图 3-2　食品感官评价室实物图

样品制备区是准备感官评价实验样品的场所。该区域应靠近实验区，但又要避免评价人员进入实验区时经过制备区看到所制备的各种样品和嗅到气味后产生的影响，也应该防止制备样品时的气味传入实验区。实验区和样品制备区在感官评价室内的布置有各种类型，常见的形式是实验区和样品制备区布置在同一个大房间内，以评价小间的隔板将实验区和样品制备区分隔开。实验区和样品制备区从不同的路径进入，而制备好的样品只能通过评价小间隔板上带活动门的窗口送入评价小间工作台。也有些感官评价室将实验区和样品制备区分别布置于相邻的房间内，这种布置方式在样品呈送上不及前面的布置合理（见图3-3）。

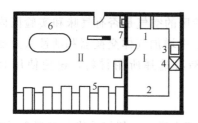 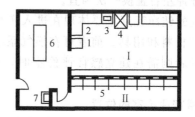

图 3-3　食品感官评价室的平面示意图

Ⅰ—样品制备区；Ⅱ—实验区

1—冰箱；2—储藏柜；3—水槽；4—加热炉；5—评价小间；

6—会议桌；7—洗手池

二、食品感官评价室环境条件

(一) 实验区内的环境条件

专指实验区工作环境内的气象条件。它包括温度、湿度、换气速度和空气纯净程度。

1. 温度和湿度

感官评价人员对食品的喜好和味觉常会受到环境中温度和湿度的影响。当感官评价员处于不适当的温度、湿度环境中时，由于感官同样处在不良的环境中，因此，或多或少会抑制感官感觉能力的充分发挥。若温度、湿度条件进一步恶劣时，还会造成一些生理上的反应，对感官评价影响极大。所以，在实验区内最好有空气调节装置，使实验区内温度恒定在 20～22℃左右，湿度保持在 50％～55％左右。

2. 光线和照明

光线的明暗决定视觉的灵敏性。不适当的光线会直接影响感官评价人员对样品色泽的区别。光线对其他类型的感官评价实验也有不同程度的影响。大多数感官评价试验都采用自然光线和人工照明相结合的方式，以保证任何时候进行实验都有适当的光照。人工照明选择日光灯或白炽灯均可，以光线垂直照射到样品面上不产生阴影为宜，避免在逆光、灯光晃动或闪烁的条件下工作。对于一些需要遮盖或掩蔽样品色泽的实验，可以通过降低实验区光照、使用滤光板或调换彩色灯泡来调整。总之，实验区的灯光要求照明均匀、无阴影、具有灯光控制器，使评价员能正确评价样品特性。通常使用红色、绿色、黄色遮盖样品的不同颜色。

3. 空气换气速度和纯净程度

有些食品本身带有挥发性气味，感官评价人员在工作时也会呼出一些气体。因此，对实验区应考虑有足够的换气速度。为保证实验区内的空气始终清新，换气速度以半分钟左右置换一次为宜。

空气的纯净程度主要体现在进入实验区的空气是否有气味和实验区内有无散发气味的材料和用具。前者可在换气系统中增加气体交换器和活性炭过滤器去除异味；后者则需在建立感官评价室时，精心选择所用材料，避免使用有气味的材料。

4. 感官评价室的位置

感官评价实验要求在安静、舒适的气氛中进行，任何干扰因素都会影响感官评价人员的注意力，影响正确评价的结果。因此，可将评价室的位置设置远离噪声源，如道路、噪声较大的机械等。若感官评价室设置在建筑物内，则应避开噪声较大的门厅、楼梯口、主要通道等。也可以对感官评价室或实验区进行隔音处理。此外，应制定一些制度以保证感官评价室的安静状态，如实验期间禁止在实验区及其附近区域谈话，禁止在实验区装电话等。

（二）样品制备区环境条件

样品制备区的环境条件除应满足实验区对样品制备的要求外，还应充分重视样品制备区的通风性能，以防止制备过程中样品气味传入实验区。样品制备区应与实验区相邻，使感官评价人员进入实验区时不能通过样品制备区，样品制备区内所使用的器皿、用具和设施都应无气味。

第二节　样品的制备和呈送

样品是感官评价的受体，样品制备的方式及制备好的样品呈送至评价人员的方式对感官评价实验能否获得准确可靠的结果有着重要的影响。在感官评价实验中，必须规定样品制备要求和样品制备控制及呈送过程中的各种外部影响因素。

一、样品的制备

1. 样品量

样品量对感官评价实验的影响体现在两个方面，即感官评价人员在一次实验所能评价的样品个数及实验中提供给每个评价人员供分析用的样品数量。感官评价人员在感官评价实验期间，理论上可以评价许多不同类型的样品，但考虑到评价人员的感官和精神上的疲劳等影响因素，每一阶段提供给评价人员的样品就有数量上的限制。通常啤酒是6～8个，饼干的上限是8～10个，对于气味很重的样品，如苦味物质或者含油脂很高的食品，每次只能提供1～2个，对含酒精的饮料和带有强刺激感官特性（如辣味）的样品，可评价样品数应限制在3～4个。而对于只进行视觉评价的产品，每次可提供的样品数可以达到20～30个。呈送给每个评价员的样品分量应随实验方法和样品种类的不同而分别控制。通常，对需要控制用量的差别实验，每个样品的分量控制在液体30ml、固体28g左右为宜。嗜好实验的样品分量可比差别实验高一倍。描述性实验的样品分量可依实际情况而定。

2. 均一性

均一性是指制备的样品除所要评价的特性外，其他特性应完全相同。它是感官评价实验样品制备中最重要的因素。样品在其他感官质量上的差别会对所要评价的特性造成影响，甚至会使评价结果完全失去意义。在样品制备中要达到均一的目的，除精心选择适当的制备方式以减少出现特性差别的机会外，还应选择一定的方法加以掩盖样品间的某些明显的差别。对不希望出现差别的特性，采用不同方法消除样品间该特性上的差别。例如，在评价某样品的风味时，就可使用无味的色素物质掩盖样品间的色差，使感官评价人员能准确地分辨出样品间的味差。在样品的均一性上，除受样品本身性质影响外，许多外部因素也会影响均一性，如样品温度、摆放顺序或呈送顺序等。

3. 样品特性

样品的性质对可评价样品数有很大的影响。特性强度的不同，可评价的样品数差别很大。通常，样品特性强度越高，能够正常评价的样品数越少。强烈的气味或味道会明显减少可评价的样品数。

4. 不能直接感官评价的样品制备

有些实验样品由于食品风味浓郁或物理状态（黏度、颜色、粉状度等）等原因而不能直接进行感官评价，如香精、调味品、糖浆等。为此，需根据检查目的进行适当稀释，或与化学组分确定的某一物质进行混合，或将样品添加到中性的食品载体中，而后按照直接感官评价的样品制备方法进行制备。

二、样品的呈送

样品的呈送方式对感官评价结果的准确性同样具有很大的影响，在样品的呈送过程中要注意以下几个方面。

1. 样品的温度

食品感官评价时要保证每个评价人员得到的样品温度是一致的，样品数量较大时，这一点尤其重要。只有以恒定和适当的温度提供样品才能获得稳定的结果。样品温度的控制应以最容易感受样品间所评价特性为基础，通常是将样品温度保持在该种产品日常食用的温度。

2. 样品的编号

为了更好地进行实验结果的统计，样品都必须在呈送给评价人员之前进行编号。不适当的样品编号通常会对评价人员产生某种暗示作用。例如，参加评价的人员很可能下意识地把被标为 A 的产品的分数打得比其他产品的分数高。所以实验组织者或样品制备工作人员在实验前不能告知评价员编号的含义或给予任何暗示。样品可以用数字、拉丁字母或字母和数字结合的方式进行编号。一般来说，在给样品编号时，不使用一位或两位的数字或字母，能够代表产品公司的数字、字母或地区号码也不能用来作为编号。用数字编号时，最好采用从随机数字表上选择三位数的随机数字。用字母编号时，则应避免按字母顺序编号或选择喜好感较强的字母（如最常用字母、相邻字母、字母表中开头与结尾的字母等）进行编号。

3. 样品的摆放顺序

呈送给评价员的样品的摆放顺序也会对感官评价实验结果产生影响。摆放过程中要遵循一个"平衡"的原则，让每一个样品出现在某个特定位置上的次数是一样的。比如，对 A、B、C 三个样品进行打分，则这 3 个样品的所有可能的排列顺序为：ABC—ACB—BAC—BCA—CAB—CBA。在这种组合的基础上，样品的呈送是随机的。通常可采用两种呈送方法，可以把全部样品随机分送给每个评价员，即每个评价员只品尝一种样品；也可以让所有参加实验的评价员对所有的样品进行品尝。前一种方法适合在不能让所有参试人员将所有样品都品尝一遍的情况下使用，如在不同地区进行的实验；而后一种方法是感官评价中经常使用的一种方法。

4. 样品的大小、形状

如果样品是固体的，即使评价人员没有察觉到样品大小的差异，样品的大小仍然会影响样品各项感官性质的得分，如果评价人员能够明显察觉到样品之间的大小差异，那么实验结果就更会受到影响了。所以，固体样品的大小、形状一定要尽可能保持一致，如果样品是液态的，则含量要相同。

三、盛放样品容器的要求

食品感官评价实验所用器皿应符合实验要求，同一实验内所用器皿外形、颜色和大小最好相同。器皿本身应无气味。通常采用玻璃或陶瓷器皿，但清洗较麻烦。也可采用一次性塑料或纸塑杯、盘作为感官评价实验用器皿。实验器皿和用具的清洗应慎重选择洗涤剂，不应使用会遗留气味的洗涤剂。清洗时应小心清洗干净并用不会给器皿留下毛屑的布或毛巾擦拭干净，以免影响下次使用。

第三节　食品感官评价人员

食品感官是以人作为仪器的一种实验，感官评价人员在实验中起着至关重要的作用。而且评价人员的感官灵敏性和稳定性严重影响最终结果的趋向性和有效性。由于个体间感官灵敏性差异较大，而且有许多因素会影响到感官灵敏性的正常发挥。因此，感官评价人员的选择和培训是使感官评价试验结果可靠和稳定的首要条件。

一、感官评价人员的类型

食品感官评价实验种类繁多，各种实验对参加人员的要求不完全相同。同时，能够参加食品感官实验的人员在感官评价上的经验及相应的训练层次也不相同。通常把参加感官评价实验的人分为以下五类。

1. 专家型

这是食品感官评价人员中层次最高的一类，专门从事产品质量控制、评估产品特定属性与记忆中该属性标准之间的差别和评选优质产品等工作。此类评价人员数量最少而且不容易培养，如品酒师、品茶师等则属于这一类人员。他们不仅需要积累多年专业工作经验和感官评价经历，而且在特性感觉上具有一定的天赋，在特征表述上具有突出的能力。

2. 消费者型

这是食品感官评价人员中代表性最广泛的一类。通常这种类型的评价人员由各个阶层的食品消费者代表组成。与专家型感官评价人员相反，消费者型感官评价人员仅从自身的主观愿望出发，评价是否喜爱或接受所试验的产品及喜爱和接受的程度。这类人员不对产品的具体属性或属性间的差别作出评价。

3. 无经验型

无经验型是指只对产品的喜爱和接受程度进行评价的感官评价人员，但这类人员不及消费型代表性强。一般是在实验室小范围内进行感官评价，由与所试产品有关人员组成，无须经过特定的筛选和培训程序，根据情况轮流参加感官评价实验。

4. 有经验型

通过感官评价人员筛选实验并具有一定分辨差别能力的感官评价实验人员，可以称为有经验型评价人员。他们可专职从事差别类实验，但是由于要经常参加有关的差别实验，所以应保持分辨差别的能力。

5. 训练型

这是从有经验型感官评价人员中经过进一步筛选和培训而获得的感官评价人员。通常他们都具有描述产品感官品质特性及特性差别的能力，专门从事对产品品质特性的评价。

在上面提及的五种类型感官评价人员中，由于各种因素的限制，通常建立在感官实验室基础上的感官评价员不包括专家型和消费者型，只考虑其他三类人员。

二、感官评价人员的筛选

在感官实验室内参加感官评价实验的人员大多数都要经筛选程序确定。筛选程序包括挑选候选人员和在候选人员中通过特定实验手段筛选两个方面。

1. 感官评价候选人员的选择

要想使感官评价实验能够顺利进行，必须有大量可供选择的候选人员。感官评价的评价人员的来源通常没有什么限制，在实际中为了实验的方便，评价人员通常来自组织机构的内部，比如，研究机构内部、大学食品系内部或食品公司的研发室内部；当所需人数较多时，就需要从外界进行招募。食品感官评价的实验种类繁多，各种实验对参加人员的要求不完全相同。感官评价实验组织者可以通过发放问卷或面谈的方式了解参选人员的相关信息，从中选出感官评价的候选人，然后再进一步筛选。在挑选感官评价候选人的时候，一般要考虑下面几个方面。

（1）候选人员的基本情况。诸如姓名、年龄、性别、职业、教育程度、工作经历、感官评价经验等。

（2）是否自愿参加。对参加感官评价人员的一个最基本的要求是必须自愿参加。在自愿参加的基础上，再由实验的组织者进行选择、筛选和培训。通常在正式实验前还要签署一份志愿表格。

（3）是否有兴趣。兴趣是调动主观能动性的基础，只有对感官评价感兴趣的人，才会在感官评价实验中集中注意力，并圆满完成实验所规定的任务。兴趣是挑选候选人员的前提条件。候选人员对感官评价实验的兴趣与他对该实验重要性的认识和理解有关。因此，在候选人员的挑选过程中，组织者要通过一定的方式，让候选人员知道进行感官评价的意义和参加实验人员在实验中的重要性。之后，通过反馈的信息判断各候选人员对感官评价的兴趣。

（4）候选人的身体健康状况。感官评价实验候选人应挑选身体健康、感觉正常、无过敏症、无服用影响感官灵敏度药物史的人员。身体不适如感冒或过度疲劳的人，暂时不能参加感官评价实验。

（5）候选人能否准时参加评价实验。感官评价实验要求参加实验的人员每次都必须按时出席。试验人员迟到不仅会浪费别人的时间，而且会造成实验样品的损失和破坏实验的完整性。此外，实验人员的缺席率会对结果产生影响。经常出差、旅行和工作任务较多难以抽身的人员不适宜作为感官评价实验的候选人员。

（6）候选人员的表达能力。感官评价实验所需的语言表达及叙述能力与实验方法相关。差别实验重点要求参加实验者的分辨能力，而描述性实验则重点要求感官评价人员叙述和定义出产品的各种特性，因此，这类实验需要良好的语言表达能力。

（7）候选人员对试验样品的态度。作为感官评价实验候选人必须能客观地对待所有实验样品，即在感官评价中根据要求去除对样品的好恶感，否则就会因为对样品偏爱或厌恶而造成偏差。

2. 感官评价人员的筛选

食品感官评价人员的筛选工作要在初步确定感官评价候选人后再进行。筛选就是通过一定的筛选实验方法观察候选人员是否具有感官评价能力，诸如普通的感官分辨能力，对感官评价实验的兴趣，分辨和再现实验结果的能力和适当的感官评价人员行为（合作性、主动性和准时性等）。根据筛选实验的结果获知每个参加筛选实验的人员在感官评价实验上的能力，决定候选人员适宜作为哪种类型的感官评价，不符合参加感官评价实验条件的人员被淘汰。筛选试验通常包括基本识别实验（基本味道或气味识别试验）和差异分辨实验（2点实验、顺位实验等）。有时根据需要也会设计一系列实验来多次筛选人员或者将初步选定的人员分组进行相互比较性质的实验。但是在筛选评价人员之前，必须清楚以下几点。

（1）不是所有的候选人都符合感官评价员的要求。

（2）大多数人不清楚他们对产品的感觉能力。

（3）每个人的感官评价能力不都是一样的。

（4）所有人都需要经过指导才会知道如何正确进行实验。

不同类型的感官评价实验所使用的感官评价人员的筛选方法亦不同。

（1）区别检验感官评价人员的筛选。区别检验感官评价人员的筛选目的是确定评价人员区别不同产品之间性质差异的能力以及区别相同产品某项特性程度大小或强弱的能力。筛选工作可以通过匹配实验、区别实验和排序/分级实验来完成。

（2）分析或描述性实验评价人员的筛选。描述或分析性实验感官评价人员的筛选的目的是确定评价人员对感官性质及其强度进行区别的能力、对感官性质进行描述的能力以及抽象归纳的能力。筛选工作可以通过敏锐性实验、排序/分级实验及面试等形式来完成。

无论采用何种方式筛选感官评价人员，在筛选的过程中都应注意下面几个问题。

（1）最好使用与正式感官评价实验相类似的实验材料，这样既可以使参加筛选实验的人员熟悉今后实验中将要接触的样品特性，也可以减少由于样品的差距而造成人员选择不适当。

（2）在筛选过程中，要根据各次实验结果随时调整实验的难度。难易程度取决于参加筛选实验人员的整体水平，但以其中少数人员不能正确分辨或识别为宜。

（3）参加筛选实验的人数要多于预定参加实际感官评价实验的人数。若是多次筛选，则应采用一些简单易行的实验方法并在每一步筛选中随时淘汰明显不适合参加感官评价的人选。

（4）筛选可连续进行直至挑选出人数适宜的最佳人选。

在感官评价人员的筛选中，感官评价实验的组织者起决定性作用，他们不但要收集有关信息，设计具体实验方案，组织具体实施，而且要对筛选实验取得进展的标准和选择人员所需要的有效数据做出正确判断，从而达到筛选的目的。

三、感官评价人员的培训

经过一定程序和筛选实验挑选出来的人员，常常还要参加特定的训练才能真正适合感官评价的要求，以能保证评价人员都能以科学、专业的精神对待评价工作，并在不同的场合及不同的实验中获得真实可靠的结果。

对感官评价人员进行培训目的主要有以下几点。

（1）提高和稳定感官评价人员的感官灵敏度。通过精心选择的感官训练方法，可以增加感官评价人员在各种感官试验中运用感官的能力，减少各种因素对感官灵敏度的影响，使感官经常保持一定水平之上。

（2）降低感官评价人员之间及感官评价结果之间的偏差。通过特定的训练，可以保证所有感官评价人员对他们所要评价的物质的特性、评价标准、评价系统、感官刺激量和强度间关系等有一致的认识。特别是在用描述性词汇作为分度值的评分试验中，训练的效果更加明显。通过训练可以使评价人员对评分系统所用描述性词汇所代表的分度值有统一认识，减少感官评价人员之间在评分上的差别及误差方差。

（3）降低外界因素对评价结果的影响。经过训练后，感官评价人员能增强抵抗外界干扰的能力，将注意力集中于感官评价中。

感官评价组织者在训练中不仅要选择适当的感官评价实验以达到训练的目的，也要向受训练的人员讲解感官评价的基本概念、感官分析程度及感官评价基本用语的定义和内涵，从基本感官知识和实验技能两方面对感官评价人员进行训练。

1. 区别检验感官评价人员的培训

在实验前，要告诉感官评价人员一些注意事项。比如，在训练期间尤其是训练的开始阶段不能接触或使用有气味的化妆品及洗涤剂；避免味感受器官受到强烈刺激，不能喝咖啡、嚼口香糖、吸烟；除嗜好性感官实验外，评价人员在评析过程中不能掺杂个人情绪；如果感官评价员感冒、头痛或睡眠不足，则不应该参加实验等。

在实验开始时，要认真向评价人员讲解本次实验的正确步骤，要求评价人员阅读实验指导书并严格执行。正式培训时，遵循由易到难的原则来设计培训实验，让感官评价人员理解整个实验。感官评价组织者还要向受训练的人员讲解感官评价的基本概念、感官分析程度及感官评价基本用语的定义和内涵，从基本感官知识和实验技能两方面对感官评价人员进行培训。

2. 描述实验感官评价人员的培训

首先，向受培训人员介绍一些描述性词汇，包括外观、风味、口感和质地方面的词汇，让他们能够了解各种不同类型食品的感官特性。其次，准备一些差异比较小的样品，让受训练人员对这些样品进行区别和描述。这时可能出现的问题是，原本相同的样品得到的评价却不相同；同一个样品几次得到的结果不一致。经过一定时间的训练，会使评价结果一致合理。最后，让受训练人员对几个不同产品进行评价，并进行反复的训练，增强感官评价人员的实践能力。

每次感官评价试验完成后，评价人员都应集中在一起，对结果和不同观点进行讨论，使意见达成一致，这对提高评价人员的描述和表达能力具有十分重要的意义。

复 习 题

1. 食品感官评价室的设计有何要求？

2. 食品感官评价室对环境条件有哪些要求？

3. 食品感官评价过程中样品的制备和呈送应该注意些什么？

4. 感官评价人员分哪些种类？

5. 感官评价人员的筛选程序如何？

6. 感官评价人员为何要进行系统的培训？

第四章　食品感官评价方法

食品感官评价是建立在人的感官感觉基础上的统计分析法。它是一门综合学科，在食品理化分析基础上，集人体生理学、心理学、食品科学和统计学为一体的新学科，随着科学技术的发展和进步，感官评价方法的应用也越来越广泛。目前常用于食品领域中的方法有数十种之多，按应用目的可分为情感（嗜好）型和分析型两类。在分析型中，一种主要是描述产品，另一种是区分两种或多种产品，区分的内容有确定差别、确定差别的大小、确定差别的影响等。按方法的性质又可分为差别检验、标度和类别检验以及分析或描述性检验。各种分析方法的特点和不同检验方法所需评价人数见表 4-1、表 4-2。

表 4-1　感官评价的方法选择

实 际 应 用	检 验 目 的	方 　 法
生产过程中的质量控制	检出与标准品有无差异	2-3 点点检验法 3 点检验法 成对比较检验法（单边） 成对比较检验法（双边） 选择检验法 配偶检验法
	检出与标准差异的量	评分检验法 成对比较检验法 3 点检验法
原料质品控制检查	原料的分等	评分检验法 分等检验法（总体的）
成品质量控制检查	检出趋向性和异常	评分检验法 分等检验法
消费者嗜好调查成品品质研究	获知嗜好程度或品质好坏	成对比较检验法 3 点检验法 排序检验法 选择检验法
	嗜好程度或感官品质顺序评分法的数量化	评分检验法 多重比较检验法 配偶检验法
品质研究	分析品质内容	描述检验法

（一）差别检验

它的目的是确定两种产品之间是否存在感官差别。在差别检验中要求评价员必

表 4-2　不同检验方法所需评价人数

方　　法	专家型	所需评价员人数 或优选评员	或初级评价员
成对比较检验法	7 名以上	20 名以上	30 名以上
3 点检验法	6 名以上	15 名以上	25 名以上
2-3 点检验法			20 名以上
5 中取 2 检验法		10 名以上	
"A"-"非 A"检验法		20 名以上	30 名以上
排序检验法	2 名以上	5 名以上	10 名以上
分类检验法	3 名以上	3 名以上	
评估检验法	1 名以上	5 名以上	20 名以上
评分检验法	1 名以上	5 名以上	20 名以上
分等检验法	按所使用的具体 分等方法而定	按所使用的具体 分等方法而定	
简单描述检验法	5 名以上	5 名以上	
定量描述或感官剖面检验法	5 名以上	5 名以上	

须回答给定的两个或两个以上样品中是否存在感官差异，一般不允许评价员回答"无差异"（即评价员未能察觉出样品之间的差异），因此，在差别检验中要注意避免因样品外表、形态、温度和数量等的明显差异所起的误差。差别检验的结果处理是以每一类别的评价员数量为基础的，分析的主要方法是统计学中的二项分布参数检查。它的主要类型有：成对比较检验法、3 点检验法、2-3 点检验法、5 中取 2 检验法、"A"-"非 A"检验法、选择检验法和配偶检验法。

（二）标度和类别检验

它的目的是估计差别的顺序或大小及样品应归属的类别或等级。它要求评价员要对两个以上的样品进行评价，并判定出哪种样品好、哪个样品差，以及它们之间的差异大小和差异方向等，可得出样品间差异的顺序和大小，或者样品应归属的类别和等级。不同的方法有不同的处理形式，结果取决于检验的目的及样品数量，常用 χ^2 检验方差分析、t 检验等。它的主要类型有：排序检验法、分类检验法、评估检验法、评分检验法、分等检验法、选择检验法、配对检验法等。

（三）分析或描述性检验

它的目的是识别存在于某样品中的特殊感官指标，这个检验可以是定性的，也可以是定量的。它要求评价员可判定出一个或多个样品的某些特征或对某特定特征进行描述和分析，从而得出样品各个特性的强度或样品全部感官特征。它常采用 χ^2 检验、图示法、方差分析、回归分析、数学统计等方法。它的主要类型有：简单描述检验法、定量描述检验法和感官剖面检验法。

第一节 差 别 检 验

差别检验可分为两类，一类是笼统回答两类产品是否存在不同，称总体差别检验。而另一类则更加细化，要求受试者就产品的某一项性质作答，比如，样品 A 和样品 B 甜味是否有差别等。

本节所要讲述的差别检验只要求评价两个或两个以上的样品中是否存在感官差异（或偏爱其一）。比如，样品 A 和样品 B 是否不同；差别检验的结果分析是以每一类别的评价员数量为基础的。例如，有多少人回答样品 A，多少人回答样品 B，多少人回答正确。其结果主要运用统计学的二项分布参数检验。在差别检验中，一般规定不允许"无差异"的回答（即强迫选择），即评价员未能察觉出两种样品之间的差异。在差别检验中需要注意样品外表、形态、温度等表现参数的明显差别所引起的误差。

一、三角检验法

三角检验也叫 3 点实验，是差别检验当中最常用的一种方法，是由美国的 Bengtson 及其同事一起发明的。在检验中，将三个样品同时呈送给品评人员，并告知参评人员其中两个样品是一样的，另外一个样品与其他两个样品不同，请品评人员品尝后，挑出不同的那一个样品。概率为 1/3。

（一）三角检验总体设计

1. 应用领域

三角检验主要鉴别两个样品之间的细微差异，如品质控制或仿制某个优良产品，也可用于挑选与培训评价人员。具体应用领域有以下几个方面。

（1）确定产品的差异是否来自成分、工艺、包装及储存期的改变。

（2）确定两种产品之间是否存在整体差异。

（3）筛选和培训检验人员，以锻炼其发现产品差别的能力。

2. 实验步骤

向评价员提供一组三个已经编码的样品，编号是随机三位数，每次均不相同，其中两个样品是相同的，要求评价员挑出其中单个的样品。三个不同排列次序的样品组中，两种样品出现次数相等，它们分别是：BAA、ABB、ABA、BAB、AAB、BBA。受试者按照从左向右的顺序品尝样品，然后找出与其他两个样品不同的那一个，如果找不出，也要必须猜一个答案，即强迫答案。

3. 技术要点

（1）多个评价员按规定次序的检查组检验样品，呈送给每个评价员的样品次序在同一系列检验中应相同。

（2）在评价同一组三个被检样品时，评价员对被检样品应有重复检验的机会。对样品的消费人群来进行针对性调查。

（3）一般来说，三角检验要求评价人员人数在20～40之间，如果产品之间的差别非常大，很容易被发现时，12个评价人员即可。而如果试验目的是检验两种产品是否相似时（是否可以互相替换），要求的参评人数则为50～100。当评价员人数不足六的倍数时，可舍去多余样品组，或向每个评价员提供六组样品做重复检验。

（4）当有效鉴评表数大于100时（$n > 100$ 时），鉴评最少数为 $0.4714z\sqrt{n} + (2n+3)/6$ 的近似整数，其中 z 值为：

显著水平	5%	1%	0.1%
正值	1.64	2.33	3.10

当正确答案大于或等于这个最小数时，说明两样品间有差异。

4. 统计学原理

原假设：不可能根据特性强度区别这两种样品。在这种情况下，正确识别出单个样品的概率为 $P = 1/3$。

备择假设：可以根据特性强度区别这两种样品。在这种情况下正确识别出与对照样品的概率为 $P > 1/3$。

该检验是单边的。正确数目大于或等于表4-3某水平上的相应数值，则说明以该显著水平拒绝原假设而接受备择假设。

5. 结果的分析

经统计作出正确选择的人数，查3点检验法检验表（见表4-3）得出结论。

表 4-3　3 点检验法检验表

答案数目 /n	显 著 水 平			答案数目 /n	显 著 水 平			答案数目 /n	显 著 水 平		
	5%	1%	0.1%		5%	1%	0.1%		5%	1%	0.1%
4	4	—	—	16	9	11	12	28	15	16	18
5	4	5	—	17	10	11	13	29	15	17	19
6	5	6	—	18	10	12	13	30	15	17	19
7	5	6	7	19	11	12	14	31	16	18	20
8	6	7	8	20	11	13	14	32	16	18	20
9	6	7	8	21	12	13	15	33	17	18	21
10	7	8	9	22	12	14	15	34	17	19	21
11	7	8	10	23	12	14	16	35	17	19	22
12	8	9	10	24	13	15	16	36	18	20	22
13	8	9	10	25	13	15	17	37	18	20	22
14	9	10	11	26	14	15	17	38	19	21	23
15	9	10	12	27	14	16	18	39	19	21	23

6. 三角检验的问答卷形式

三　角　检　验

姓名 _____　　　日期 _____

实验指令：

　　在你面前有 3 个带有编号的样品，其中有两个是一样的，而另一个和其他两个不同。请从左向右依次品尝 3 个样品，然后在与其他两个样品不同的那一个样品的编号上划"√"。你可以多次品尝，但不能没有答案。

625　　　　796　　　　261

7. 样品呈放形式

样品呈放形式见图 4-1。

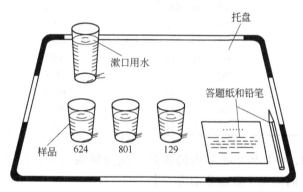

图 4-1　三角检验样品示意图

(二) 三角检验应用实例

例 1　豆奶试验新产品差异性检验实验

1. 实验总体设计

问题：现有 2 种豆奶，一种是原产品，一种是用一批新种植的品种，感官评价人员想知道这两种产品之间是否存在差异。

项目目标：两种产品之间是否存在差异。

实验目标：检验两种产品之间的总体差异性。

实验设计：因为实验目的是检验两种产品之间的差异，将 α 值设为 0.05（5%），有 12 个品评人员参加检验，因为每人所需的样品是 3 个，所以一共准备 36 个样品，新产品和原产品各 18 个，按表 4-4 安排实验。实验中使用的随机号码不得暗示任何含义或潜意识影响感官评价。

2. 样品准备程序

(1) 两种产品各准备 18 个，分 2 组（A 和 B）放置，不要混淆。

(2) 按照上表的编号，每个号码各准备 6 个，将两种产品分别标号。即新产品

表 4-4　豆奶差异实验准备工作表

样品准备工作表

日期：_____		编号：_____	
样品类型：豆奶		实验类型：三角检验	
产品情况	含有 2 个 A 的号码使用情况		含有 2 个 B 的号码使用情况
A：新产品	533　681		576
B：原产品（对比）	298		885　372
呈送容器标记情况	号码顺序		代表类型
小组编号			
1	533　681　298		AAB
2	576　885　372		ABB
3	885　372　576		BBA
4	298　681　533		BAA
5	533　298　681		ABA
6	885　576　372		BAB
7	533　681　298		AAB
8	576　885　372		ABB
9	885　372　576		BBA
10	298　681　533		BAA
11	533　298　681		ABA
12	885　576　372		BAB

（A）中标有 533、681 和 298 号码的样品个数分别为 6 个；原产品（B）中标有 576、885 和 372 的样品个数也分别为 6 个。

（3）将标记好的样品按照上表进行组合，每份组合配有一份问答卷，要将相应的小组号码和样品号码也写在问答卷上，呈送给品评人员。

3. 实验结果

将 12 份答好的问答卷回收，按照上表核对答案，统计答对的人数。经核对，在该实验中，共有 9 人做出了正确选择。根据 3 点检验法检验表，在 $\alpha = 0.05$、$n = 12$ 时，对应的临界值是 8，所以这两种产品之间是存在差异的。

4. 豆奶差别实验结论

这两种豆奶（新产品和原产品）是存在差异的，做出这个结论的可信度是 95%（$\alpha = 0.05$，即错误估计两者之间差别存在的可能性是 5%，也就是说正确的可能性是 95%）。

例 2　仿制产品检验实验

1. 实验设计

某厂拟开发新调味酱系列产品，进口芥子酱若干进行仿制，为检验仿制产品与真品之间的差异，选 40 名评价员进行口味评定，评价组长选择 5% 显著水平进行 3 点检验，要求强迫选择（必须指出一个单个样品），获 39 张有效鉴评表，23 人正确选出单个样品。

2. 实验问题

两样品之间是否有差异。

3. 实验分析

按 3 点检验法检验表答案数目 39 在 5％显著水平上，正确选择数 23＞19（5％）＞21（1％），说明在 5％显著水平上原假设不成立，即两样品无差别的检验不成立，说明仿制产品与真品之间有显著差异，仿制效果不佳。

4. 实验结果

仿制产品与真品之间还存在差距，需要进一步调整配方。

例 3 肉松包装材料差异性检验实验

1. 实验总体设计

问题：一个肉制品公司经理想知道一种新型铝铂包装材料和该公司目前使用的纸包装材料哪一个用在肉松上效果更好。因为该公司的初步实验表明，存放 2 个月之后，纸包装的肉松开始变硬，而铝箔包装的产品质地仍然很柔软。该经理决定，如果 2 个月后，两种包装真的有明显差异的话，他将使用新的铝箔纸，而不再使用原来的纸包装。

项目目标：存放 2 个月之后，包装的不同是否会引起产品总体意义上的不同。

实验目标：存放 2 个月之后，通过品尝，人们是否能够感到两种产品的差异。

实验设计：由于是差异性检验，将 α 值设为 0.05。共有 36 人参加实验。按照表 4-5 准备实验。

表 4-5 肉松差异检验准备工作表

日期：_____	编号：_____	
实验样品：肉松	试验类型：三角检验	
产品情况	含有 2 个 Z 的号码	含有 2 个 L 的号码
Z：原产品（纸包装）	562　299	237
L：新产品（铝箔包装）	786	881　129
实验分 6 次进行，每次 6 人。		
品评员号码	所得样品	
1,7,13,19,25,31	237 881 129（ZLL）	
2,8,14,20,26,32	881 129 237（LLZ）	
3,9,15,21,27,33	881 237 129（LZL）	
4,10,16,22,28,34	562 299 786（ZZL）	
5,11,17,23,29,35	786 562 299（LZZ）	
6,12,18,24,30,36	562 786 299（ZLZ）	

2. 样品准备程序

（1）准备样品总量：36×3＝108。每种样品数量：108/2＝54。

（2）将两种样品各准备 54 份，分别放置，不要混淆。

（3）将以上编号各准备 18 个（54/3），进行随机编号。

（4）按上表进行组合，每份组合配有一份问答卷，要将相应的小组号码和样品号码也写在问答卷上呈送给评价人员。

3. 实验结果

在36份答卷中，有23人做出了正确选择，由表4-3可知，在$n=36$、$\alpha=0.05$时，临界值为18，所以，两种产品之间存在着显著差异。

4. 对结果进行解释

从以上实验可以看出，由两种不同包装材料包装的肉松在存放2个月后，在质地上存在显著差异，因此，可以用铝箔包装而放弃使用纸包装，以提高产品质量。

5. 实验报告

每次的实验都应该有一份正式的实验报告，内容应包括项目目标、实验目标和实验设计，还要包括准备工作表和问答卷。要以表格的形式给出实验结果，并对其进行分析，得出结论。如果评价员对产品进行了一些评价，则可以挑有代表性的评价进行报告。

二、2-3点检验法

2-3点检验由 Peryam 和 Swartz 于1950年发明。在检验中，每个评定人员也是得到3个样品，其中一个标明"参照样"，识别"参照样"的属性后，要求评定者从另外两个样品中选出一个与参照样品相同的那一个。概率为50%。

（一）实验总体设计方法

1. 应用领域

2-3点检验比较简单、容易理解，但从统计学上来讲不如三角检验具有说服力，因为它是从2个样品中选出1个。当实验目的是确定两种样品之间是否存在感官上的差别时，常常应用这种方法。具体来讲，该法可以应用在以下两个方面。

（1）确定产品之间的差别是否来自成分、加工过程、包装和储存条件的改变。

（2）在无法确定某些具体性质的差异时，确定两种产品之间是否存在总体差异。

2-3点检验法有两种形式：一种叫做固定参照模型；另一种叫做平衡参照模型。在固定参照模型中，总是以正常生产的产品为参照样；而在平衡参照模型中，正常生产的样品和要进行检验的样品被随机用作参照样品。评价人员是受过培训的，在他们对参照样品很熟悉的情况下，使用固定参照模式；当评价人员对两种样品都不熟悉，而他们又没有接受过培训时，使用平衡参照模型。

2. 实验步骤

首先向评价员提供已被识别的对照样品，要求评价员在熟悉对照样品后，接着提供两个以上已编码的样品，其中一个与对照样品相同，要求评价员识别这一样品。

3. 技术要点

（1）两个样品作为对照的概率相同。

（2）鉴评对照样品后进行识别。

（3）一般来说，参加评定的最少人数是 16 个，对于少于 28 人的实验，β 型错误可能要高。如果人数在 32、40 或者更多，实验效果会更好。

4. 统计学原理

原假设：不可能区别这两种样品，在这种情况下，识别出与对照样品的样品概率是 $P=1/2$。

备择假设：可以根据样品特性强度区分这两种样品，在这种情况下正确识别出与对照样品相同的样品，概率为 $P>1/2$。

该检验是单边的，如果正确回答数目大于或等于表 4-6 中某水平上的数值，说明在该水平上拒绝原假设而接受备择假设。

表 4-6　2-3 点实验检验表和成对比较检验（单边）法

答案数目/n	显著水平			答案数目/n	显著水平			答案数目/n	显著水平		
	5%	1%	0.1%		5%	1%	0.1%		5%	1%	0.1%
7	7	7	—	19	14	15	17	31	21	23	25
8	7	8	—	20	15	16	18	32	22	24	26
9	8	9	—	21	15	17	18	33	22	24	26
10	9	10	10	22	16	17	19	34	23	25	27
11	9	10	11	23	16	18	19	35	23	25	27
12	10	11	12	24	17	19	20	36	24	26	28
13	10	12	13	25	18	19	21	37	24	27	29
14	11	12	13	26	18	20	22	38	25	27	29
15	12	13	14	27	19	20	22	39	26	28	30
16	12	14	15	28	19	21	23	40	26	28	31
17	13	14	16	29	20	22	24	41	27	29	31
18	13	15	16	30	20	22	24	42	27	29	32

5. 2-3 点实验常用的问答卷形式

2-3 点检验

姓名：_____　日期：_____

实验指令：

在你面前有 3 个样品，其中一个标明"参照"，另外两个标有编号。从左向右依次品尝 3 个样品，先是参照样品，然后是两个样品。品尝之后，请在与参照相同的那个样品的编号上划"○"。你可以多次品尝，但必须有答案。

参照　　　321　　　689

---

6. 样品呈放形式

样品呈放形式见图4-2。

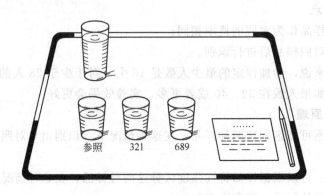

参照   321   689

图 4-2   2-3 点检验样品示意图

（二）2-3 点检验应用实例

例 1   新旧产品的差别试验应用举例

某饮料厂为降低生产糖尿病人专用饮料，在加工中添加某种低热代糖添加剂，为了检查实验样品甜味效果，运用 2-3 点检查法进行实验，由 30 名评价员进行检查，其中有 15 名接受到的对照样品是含蔗糖的饮料，另 15 名接受到的对照样品是非糖饮料制品，依次判别两种参试样品，共得到 30 张有效答案，其中有 18 张回答正确。查表 4-6 中 $n=30$ 一栏，知 18＜20（5％）＜22（1％）＜24（0.1％），基在 5％显著水平，两样品间无显著差异，即代糖效果良好。

例 2   配方不同对产品影响的差别试验

问题：某香料公司开发人员要知道两种新香精是否会使得冰激凌香气浓度和香气品质有所不同。

项目目标：确定添加两种加香料后是否会使冰激凌在正常存放时间之后有所不同。

实验目标：确定两种产品存放 3 个月之后是否在香气上存在不同。

实验设计：样品在同一天准备，使用完全相同的原料物质，只是添加的香料不同，将两种样品放在相同的条件下存放 3 个月。实验由 40 人参加，样品编号及排组情况参照三角检验，两种样品各自被用作参照样 20 次。准备工作表见表 4-7。

结果分析：在进行实验的 40 人中，有 23 人做出了正确选择。根据表 4-6，在 $\alpha=0.05$ 时，临界值是 26，所以说这两种产品的香味没有差别。通过观察数据发现，以两种样品分别作为参照样，得到的正确回答分别是 12 和 11，这更说明这两种产品的香味之间不存在差异。

表 4-7　冰激凌 2-3 点检验准备工作表

样品准备工作表		
日期：_____　　　　　编号：_____		
样品类型：冰激凌　　　实验类型：三角检验（平衡参照模型）		
产品情况	含有 2 个 A 的号码	含有 2 个 B 的号码
A：新产品	959　257	448
B：原产品（对比）	723	539　661
呈送容器标记情况	号码顺序	代表类型
小组编号		
1	AAB	R-257-723
2	BBA	R-661-448
3	ABA	R-723-257
4	BAB	R-448-661
5	BAA	R-723-257
6	ABB	R-661-448
7	AAB	R-959-723
8	BBA	R-539-448
9	ABA	R-723-959
10	BAB	R-448-539
11	BAA	R-723-959
12	ABB	R-448-661
R 为参照，将以上顺序依次重复，直到 40 组。准备工作程序参照三角检验		

冰激凌 2-3 点检验问答卷：

2-3 点检验
品评员编号：_____　　　　　日期：_____
样品：冰激凌
实验指令：
1. 请将杯子盖拿掉，从左到右依次品尝你面前的样品。
2. 最左边的是参照样。确定哪一个带有编号的样品的香味同参照样相同。
3. 在你认为相同的编号上划"○"。
如果你认为带有编号的两个样品非常相近，没有什么区别，你也必须在其中选择一个。
参照　　539　　448

实验结果解释：感官评价人员可以告知那位香味儿研究人员，通过 2-3 点检验方法，在给定的香气成分、纸张和存放期下，这两种产品在香味儿上没有差别。

三、"A"-"非A"检验法

在鉴评员熟悉样品"A"后,再将一系列样品提供给鉴评员,其中有"A"也有"非A"。要求鉴评员指出那些是"A",那些是"非A",最后通过χ^2检验分析结果,这类检验方法称为"A"-"非A"检验法。适用于确定原料、加工、处理、包装和储藏等环节的不同所造成的产品特性差异,特别适用于检验具有不同外观或后味样品的差异,也适用于确定鉴评员对一种特殊刺激的敏感性。

(一)实验总体设计

1. 应用领域

根据 ISO 1985 年颁布的标准,当实验目的是检验两个样品之间是否存在感官上的差别,而又不便于同时呈送 2 个或 3 个样品时,也就是说三角检验和2-3 点检验不便于使用时,比如被检验的样品具有很浓的气味或者味道持久,可以使用这种检验方法。这个实验也用于对评价人员的筛选,比如,用此确定某个或某组参评人员是否能够识别出某种特殊的甜味,还可以用来确定感官的阈值。

2. 参评人员

通常需要 10~50 名评价人员,他们要经过一定的训练,做到对样品"A"和"非A"比较熟悉。在每次实验中,每个样品要被呈送 20~50 次。每个参评者可以只接受一个样品,也可以接受 2 个样品,一个 A,一个非 A,还可以连续品评 10 个样品。每次评定的样品数量视评价人员的生理疲劳和精神疲劳程度而定。

(二)应用实例

例1 新型甜味剂与蔗糖

问题:一名产品开发人员正在研究用一种甜味剂来替换某饮料中目前用量为5％的蔗糖。前期实验表明,0.1％的该甜味剂相当于 5％的蔗糖,但是如果一次品尝的样品超过 1 个时,由于该甜味剂甜味的余味、其他味道和口感等因素,就会让人感觉到某些异样。该开发人员想知道,含有这种新型甜味剂和蔗糖的饮料是否能够被识别出来。

项目目标:确定 0.1％的该甜味剂能否代替 5％的蔗糖。

实验目标:直接比较这两种甜味物质,并减少味道的延迟和覆盖效应。

实验设计:分别将甜味剂和蔗糖配制成 0.1％和 5％的溶液,将甜味剂溶液设为 A,将蔗糖溶液设为"非 A"。由 20 人参加品评,每人得到 10 个样品,每个样品品尝一次,然后回答是 A 还是非 A,在品尝下一个样品之前用清水漱口,并等待 1 分钟。

"A"－"非 A"检验设计问答卷：

"A"-"非 A"检验

姓名：＿＿＿＿＿ 日期：＿＿＿＿＿

样品：甜味饮料

实验指令：

1. 在实验之前对样品 A 和非 A 进行熟悉，记住它们的口味。
2. 从左向右依次品尝样品，在品尝完每一个样品之后，在其编号后面相应的方框中打"√"。

注意：在你所得到的样品中，A 和非 A 的数量是相同的。

样品顺序号	编号	该样品是	
		A	非 A
1	345		
2			
3	789		
4			
5	674		
6			
7	387		
8			
9	432		
10			
11	255		

分析结果：得到的结果如表 4-8 所示。

表 4-8 实验结果

回答情况	样品真实情况		
	A	非 A	总计
A	60	35	95
非 A	40	65	105
总计	100	100	200

经计算（详细过程简略），$E_A = 95 \times 100/200 = 47.5$

$$E_{非A} = 105 \times 100/200 = 52.5$$

$$\chi^2 = (60-47.5)^2/47.5 + (35-47.5)^2/47.5 +$$
$$(40-52.5)^2/52.5 + (65-52.5)^2/52.5 = 12.53$$

设 $\alpha = 0.05$，由 χ^2 分布表可（见表 4-9）知，$df = 1$（共有 2 种样品），得到 $\chi^2 = 3.84$，$12.53 > 3.84$，所以，0.1% 的甜味剂和 5% 的蔗糖溶液存在显著差异。

表 4-9 χ^2 分布表

f	α											
	0.995	0.990	0.975	0.950	0.900	0.750	0.25	0.10	0.05	0.025	0.01	0.005
1	—	—	0.001	0.004	0.016	0.102	1.323	2.706	3.841	5.024	6.635	7.879
2	0.010	0.020	0.051	0.103	0.211	0.575	2.773	4.605	5.991	7.378	9.210	10.597
3	0.072	0.115	0.216	0.352	0.584	1.213	4.108	6.251	7.815	9.348	11.345	12.838
4	0.207	0.297	0.484	0.711	1.064	1.923	5.585	7.779	9.488	11.143	13.277	14.860
5	0.412	0.554	0.831	1.145	1.610	2.675	6.626	9.236	11.071	12.833	15.086	16.750

结果的解释：通过实验，可以告诉该研究人员，0.1％的甜味剂和5％的蔗糖溶液是不同的，它能够被识别出来，如果想弄清楚有何不同，可以进一步做描述分析的感官实验。

四、成对比较检验法

成对比较检验有两种形式，一种叫做差别成对比较，也称简单差别实验和异同实验，另一种叫定向成对比较法。

(一) 差别成对比较（简单差别实验、异同实验）

指评价人员每次得到2个（1对）样品，被要求回答它们是相同还是不同的实验方法。在呈送给评价人员的样品中，相同和不同的样品的对数是一样的。通过比较观察的频率和期望（假设）的频率，根据χ^2分布检验分析结果。

1. 实验总体设计

（1）应用领域。当实验的目的是要确定产品之间是否存在感官上的差异，而又不能同时呈送2个或更多样品的时候应用此实验。比如，三角检验和2-3点检验都不便应用时使用该方法。发现两种样品在特性强度上是否存在差别或者是否其中之一更被消费者偏爱，如在比较一些味道很浓或延续时间较长的样品时，通常使用该实验。

（2）实验步骤。以确定的或随机的顺序将一对或多对样品分发给评价员，并向评价员询问关于差别或偏爱的方向等问题。通过答案数目，参照相应表得出结论。

（3）技术要点

① 样品AB和BA在配对样品中出现次数均等，并同时随机地呈送给评价员。

② 连续提供几个成对样品时，应减少样品使用量。

③ 提问方式要避免倾向性。依据不同的检验目的进行提问。a. 定向差别检验：两个样品中，哪个更……？（甜、咸）b. 偏爱检验：两个样品中，更喜欢哪个？c. 培训评价员：两个样品中，哪个更……？

④ 一般要求20～50名评价人员进行实验，最多可以用200人或者100人，每人品尝2次。实验人员要么都接受过培训，要么都没接受过培训，但在同一个实验中，评价人员不能既有受过培训的也有没受过培训的。

⑤ 最好选用强迫选择。

（4）统计学原理

原假设：这两种样品没有显著性差别，因而无法根据样品的特性强度或偏爱程度区别这两种样品。换句话说，每个参加检验的评价员做出样品A比样品B的特性强度大或样品 B 比样品 A 的特性强度大（或被偏爱）的概率是相等的，即 $P_A = P_B = 1/2$。

备择假设：这两种样品有显著差别，因而可以区别这两种样品。换句话说，每个参加检验的评价员做出样品 A 比样品 B 的特性强度大或样品 B 比样品 A 的特性强度大（或被偏爱）的概率是不等的，即 $P_A \neq P_B$（$P_A > P_B$ 或 $P_A < P_B$）

对单边检验，统计肯定答案的数字，如果对某一种样品投票的人数多于表 4-6 显著水平上的人数，则表示拒绝原假设，从而得出结论：两种样品之间有显著性差别。如果对样品 A 投票的人数多，则可得出结论：样品 A 的某种指标强度大于样品 B 的同种指标强度（或被明显偏爱）。

检验可以是单边的，也可以是双边的，双边检验则只需要发现两种样品在特性强度上是否存在差别，或是否其中之一更被消费者偏爱。单边检验是希望发现某一指定样品，例如样品 A 比样品 B 具有较大的强度（强度检验）或者样品 A 被偏爱（偏爱检验）。

对双边检验统计答案总数取两数中的大值，如果选择样品 A 的数目多于表 4-10 中显著水平上的人数，则表示拒绝原假设而接受备择假设，说明两样品间有明显差异。

表 4-10　成对比较检验法检验表（双边）

答案数目/n	显著水平			答案数目/n	显著水平			答案数目/n	显著水平		
	5%	1%	0.1%		5%	1%	0.1%		5%	1%	0.1%
7	7	—	—	17	13	15	16	27	20	21	23
8	8	8	—	18	14	15	17	28	20	22	23
9	8	9	—	19	15	16	17	29	21	22	24
10	9	10	—	20	15	17	18	30	21	23	25
11	10	11	11	21	16	17	19	31	22	24	25
12	10	11	12	22	17	18	19	32	23	24	26
13	11	12	13	23	17	19	20	33	23	25	27
14	12	13	14	24	18	19	21	34	24	25	27
15	12	13	14	25	18	19	21	35	24	26	28
16	13	14	15	26	19	20	22	36	25	27	29

当表中 $n > 100$ 时，答案最少数按以下公式计算，取最接近的整数值。

$$X = n + 1/2 + K\sqrt{n}$$

式中，K 值为：

显著水平	5%	1%	0.1%
单边检验 K 值	0.82	1.16	1.55
双边检验 K 值	0.98	1.29	1.65

2. 应用实例

例1　饮料的风味评价

(1) 评价小组长选择5‰显著水平对编号"798"和"379"两种饮料进行风味评价，参评员选30名，将饮料以随机顺序呈送给评价员。

问题：问哪一个样品更甜？

答案：18人选择"798"更甜；

12人选择"379"更甜。

分析：此问题是对A、B两个样品的差别提问，两个样品都可能使评价员感到更甜，故属于双边检验，从表4-10（双边表）中知，18＜21，所以假设成立，两饮料甜度无明显差异。

若将以上两种饮料重新编号。

问题：更喜欢哪一个样品？

答案：22人更喜欢"832"，8人喜欢"417"。

分析：从表4-10（双边表）中知，22＞21，"832"更受欢迎。

(2) 评价小组长选择1‰显著水平对编号为"527"和"806"两种饮料进行甜味比较，已知"527"配方中甜味重，向30位评价员提问哪一个样品更甜？

答案：23人选择"527"；

7人选择"806"。

分析：提问的实质是"527"配方的甜味是否更甜，故属于单边检验。从表4-3（单边表）中知，23＞22，所以原假设成立，"527"比"806"更甜。

同样若将上两种样品重新编号，已知"613"口味较重，并提问更喜欢哪一个样品？

答案：24人喜欢"613"；

6人喜欢"281"。

分析：查表4-3（单边），1‰假设度下，30名评价员使原假设成立数不少于23，24＞23，故原假设成立，"613"比"289"更受欢迎。

例2　不同设备生产出调味酱的检验实验

问题：某调料厂要更换一批方便面的调味酱的设备，该厂的负责人想知道，用新设备生产出的调味酱和原来的调味酱是否有区别。

项目目的：确定新设备是否可以替换原有设备投入生产。

实验目的：确定用两种设备生产出来的调味酱在味道上是否有差异。

实验设计：由于调味酱很辣，味道会持续一段时间，所以用面包作辅助食品的异同实验是比较适合的方法。共准备60对样品，30对完全相同，另外30对不同。设计工作见表4-11。

表 4-11　方便面用调味酱异同检验准备工作表

准备工作表

日期：

样品类型：涂在白面包片上的烤肉用调味酱

实验类型：异同实验

样品情况

A（原设备）　　　　　　　　B（新设备）

将用来盛放样品的 $60 \times 2 = 120$ 个容器用 3 位随机号码编号，并将容器分为两排，一排装样品 A，另一排装样品 B。每位评价人员都会得到一个托盘，里面有两个样品和一张问答卷。

准备托盘时，将样品从左向右按以下顺序排列。

评价人员编号	样品顺序
1	A-A（用 3 位数字的编号表示）
2	A-B
3	B-A
4	B-B

依次类推直到 60

烤肉用调味酱异同检验问答卷：

异同实验

姓名：＿＿＿＿＿＿　　　　日期：＿＿＿＿＿＿

样品类型：涂在白面包片上的烤肉用调味酱

实验指令：

1. 从左向右品尝你面前的两个样品。

2. 确定这两个样品是相同的还是不同的。

3. 在以下相应的答案前面划"√"。

两个样品相同＿＿＿＿＿＿＿＿＿＿＿＿

两个样品不同＿＿＿＿＿＿＿＿＿＿＿＿

评语：

分析结果：实验结果见表 4-12。

表 4-12　实验结果

品评人员的回答	品评人员得到的样品		
	相同的样品 AA 或 BB	不同的样品 AB 或 BA	总　计
相同	17	9	26
不同	13	21	34
总计	30	30	60

经 χ^2 分析得（详细过程略）：

相同样品 AA/BB 的期望值：$E = 26 \times 30 / 60 = 13$。

不同样品 AB/BA 的期望值：$E = 34 \times 30 / 60 = 17$。

$$\chi^2 = (17-13)^2/13 + (9-13)^2/13 + (13-17)^2/17 +$$

$$(21-17)^2/17=4.34$$

设 $\alpha=0.05$，由表 4-9，$df=1$（因为 2 个样品，自由度为样品数减 1），查到 χ^2 的临界值为 3.84，4.34＞3.84，所以两个样品之间存在显著差异。

解释结果：通过实验可以告诉该经理，由两种设备生产出来的调味酱是不同的，如果真的想替换原有设备，可以将两种产品进行消费者实验，以确定消费者是否愿意接受新设备生产出来的产品。

（二）定向成对比较

在该实验中，实验者想确定两个样品在某一特定方面是否存在差异，比如甜度、黏度、颜色等。将两个样品同时呈送给评价人员，要求其识别出在指定的感官属性上程度较高的样品。

成对比较实验问答卷如下：

成对比较实验

姓名：_____　　　　　　　　　日期：_____

实验指令：

在你面前有 2 个样品，从左向右依次品尝这 2 个样品，在你认为甜一些的那个样品的编号上划圈。你可以猜测，但必须有所选择。

847　　　　　　　　　　546

五、5 选 2 检验法

在 5 选 2 检验中，每个受试者得到 5 个样品，其中 2 个是相同的，另外 3 个是相同的。要求受试者在品尝之后，将 2 个相同的产品挑出来。

（一）实验概述

1. 应用领域

与三角检验和 2-3 点检验一样，5 选 2 检验也是用来确定产品之间是否存在差异，但 5 选 2 检验法有其自身的特点。

① 从统计学上来讲，在这个实验中单纯猜中的概率是 1/10，而不是三角检验的 1/3，2-3 点检验的 1/2，所以 5 选 2 检验的功能更强大一些。

② 由于要从 5 个样品中挑出 2 个相同的产品，这个实验受感官疲劳和记忆效果的影响比较大，一般只用于视觉、听觉和触觉方面的检验，而不用来进行味道的检验。

③ 当参加评定的人数比较少时，可以应用该方法。

2. 评价人员

评价人员必须经过培训，一般需要的人数是 10～20 人，当样品之间的差异很大、非常容易辨别时，5人也可以。

3. 实验步骤

将实验样品按以下方式进行组合，如果参评人数低于20人，组合方式可以从以下组合中随机选取，但含有3个A和含有3个B的组合数要相同。

AAABB	AABAB	ABAAB	BAAAB
AABBA	ABABA	BAABA	ABBAA
BABAA	BBAAA	BBBAA	BBABA
BABBA	ABBBA	BBAAB	BABAB
ABBAB	BAABB	ABABB	AABBB

根据正确做答的人数，通过表4-13得出结论。

表4-13　5选2实验正确回答人数的临界值

n	α						
	0.40	0.30	0.20	0.10	0.05	0.01	0.001
3	1	1	2	2	2	3	3
4	1	2	2	2	3	3	4
5	2	2	2	2	3	3	4
6	2	2	2	3	3	4	5
7	2	2	2	3	3	4	5
8	2	2	2	3	3	4	5
9	2	2	2	3	3	4	5
10	2	2	3	3	4	5	6
11	2	2	3	3	4	5	6
12	2	3	3	4	4	5	6
13	2	3	3	4	4	5	6
14	3	3	3	4	4	5	7
15	3	3	3	4	4	6	7
16	3	3	4	4	5	6	7
17	3	3	4	4	5	6	7
18	3	3	4	4	5	6	8
19	3	3	4	5	5	6	8
20	3	3	4	5	5	7	8
21	3	3	4	5	6	7	8
22	3	3	4	5	6	7	8
23	4	4	4	5	6	7	8
24	4	4	5	5	6	7	9
25	4	4	5	5	6	7	9

（二）应用实例

例1　某食品外包装材料粗糙程度的比较

问题：某食品一外包装材料供应商想用一种聚醋/尼龙混合品代替目前的聚醋织品。但是有人反映说该替代品手感粗糙、刮手。

项目目标：确定该聚醋/尼龙混合品是否真的很粗糙，需要改进。

实验目标：测定两种外包装材料手感的差异。

实验设计：因为该实验不涉及品尝，只是触觉，所以适合用 5 选 2 检验法进行实验。一般来说，由 12 人组成的评定小组就足以发现产品之间的非常小的差别。从上面 20 个组合，任意选取 12 个组合，将样品分别放在一张纸板后面，评价人员可以摸到样品，但不能看到，每个样品的纸板前标有该样品的随机编号，然后让评价者回答哪两个样品相同。

5 选 2 检验问答卷：

---

5 选 2 检验

姓名：_____   日期：_____

样品类型：外包装材料

实验指令：

1. 按以下的顺序用手指或手掌感觉样品，其中有 2 个样品是同一种类型，其余 3 个样品是另外一种类型。

2. 测试之后，请在你认为相同的两种样品的编号后面划"√"。

编号	评语
862 _____	_____
245 _____	_____
398 _____	_____
665 _____	_____
537 _____	_____

结果分析：在 12 个评价人员中，有 8 人做出了正确的选择。从表 4-13 可知，该实验的 α 值 <0.001，说明产品之间的差异是非常显著的。

解释结果：应该告知该生产商，这两种产品之间存在着非常显著的差异，不能互相替换。

例 2 配制饮料中的色素

问题：为了节省成本，要用一种色素替换现有配方中的另一种色素。替换之后，饮料的光泽有所降低。

项目目标：市场部想在产品进行消费者实验之前知道，用这两种配方制成的产品是否存在视觉上的差异。

实验目标：确定这两种配制饮料在外观上是否存在统计学上的差异。

实验设计：筛选 10 名评价人员，确定他们在视力上和对颜色的识别上没有异常。将 2ml 样品放入一个玻璃管中，以白色作为背景，在白炽灯光下进行实验。

分析结果：在 10 名受试者当中，有 5 人正确选出了相同的两个样品，根据表 4-13，得到 $\alpha=0.01$（1%），说明这两种产品之间存在显著差异。

解释结果：可以告知有关人员，新的色素是不能被用来替换现有色素的。

六、差别检验中应该注意的问题

（一）应用差别检验的注意事项

差别检验就其敏感性、可靠性和有效性来说，是一种很好的感官评价方法。在使用的过程中，应该注意以下几方面：

（1）实际应用当中，所有的差别检验的敏感性都是相同的；

（2）差别检验法是强迫选择法，参评人员必须要做出选择；

（3）差别检验之后一般还要进行其他检验，如描述分析或喜好检验；

（4）没有差别的产品不能用来进行喜好检验；

（5）不同的产品可以获得相同的喜爱程度，但原因不一定相同；

（6）不是所有的产品都可以用来进行实验的。

（二）从事差别实验应重点考虑的问题

为了尽可能保证实验的顺利进行和有效性，应重点考虑以下问题：

（1）差别检验只用来检验样品之间是否存在可感知的差别；

（2）根据实验目的和产品性质来选择合适的实验方法；

（3）品评人员要按照专门标准来选择，包括以前的经验、产品的种类等；

（4）实验样品为食物和饮料时，采用"摄入-吐出"方法；

（5）实验需要进行重复；

（6）呈送顺序要平衡；

（7）差别检验不能作为消费者接受实验的一部分；

（8）有效控制实验环境，尽量减少非产品因素的干扰，但不要刻意去模拟任何一种环境；

（9）尽量避免或减少产品盛放容器的使用；

（10）差别检验的实验结果用可能性来表示。

要保证实验的有效性和可靠性，一定要进行认真的实验设计和精心的实验准备工作，已经有为数众多的实验结果表明，差别实验可以为食品企业节省大量的时间、金钱和精力。

第二节　标度和类别检验

在感官评价中，将感官体验进行量化最常用的方法，按照从简单到复杂的顺序，有以下 4 种。

（1）分类法。将样品分成几组，各组之间只是在命名上有所不同。

（2）评分法。是商业领域中被认为是最有效的评判方法，由专业评分员评分。

（3）排序法。将样品按照强度、等级或其他任何性质进行排序。

（4）标度法。品评员根据一定范围内的标尺（通常是 0～10）对样品进行评判，这种标尺的使用是经过事先培训的。

一、排序检验法

（一）排序检验法概述

1. 应用领域

① 可用于进行消费者的可接受性调查。

② 确定由于不同原料、加工、处理、包装和储藏等环节造成的产品感官特性差异。

③ 评价员的选择与培训。

④ 做进一步精细感官分析的基础工作。

⑤ 当评价少量样品（6 个以下）的复杂特性（如质量和风味）或多数样品（20 个以上）的外观时，此法迅速有效。

2. 实验步骤

将比较的数个样品，按指定特性要求评价员由强度或嗜好程度排出一系列样品的次序。

3. 技术要点

① 检验前，应由组织者对检验提出具体的规定，对被评价的指标和准则要有一致的理解，如对哪些特性进行排列。

② 一般不超过 8 个样品，排列的顺序是从强到弱还是从弱到强、检验操作要求如何、评价气味时需不需要摇晃等。

③ 排序检验只能按一种特性进行，如要求对不同的特性排序，则按不同的特性安排不同的顺序。

④ 进行感官刺激的评价时，可以让评价员在不同的评价之间使用水、淡茶或无味面包等以恢复原感觉能力。

⑤ 评价应在限定时间内完成。

排序检验法问答卷实例如下。

排序检验

姓名：_____ 日期：_____ 产品：_____

品尝样品后，请根据您所感受的甜度，把样品号码填入适当的空格中（每格中必须填一个号码）。

　　　　　　　　　　→

甜味最强　　　　　　　　　　　甜味最弱

（二）应用实例

将 3 个或者更多的样品按照其某项品质的程度大小，或者好坏的顺序进行排序。例如，将容器按照溶液含量多少从高到低排序（见图 4-3），将冰激凌按照口感由好到坏的顺序进行

112　　　　238　　　　563　　　　623

图 4-3　排序法举例

排列，将酸奶按照感官酸度进行排序，或者将早餐饼按照喜好程度进行排序。排序法中的数字代表顺序。

排在第一位的标为 1，第二位的标为 2，依此类推，所以从排序的最后一个样品可以推测出该批样品被分了几等。这些顺序号并不能用来测量样品的强度，但它们可以用来进行 χ^2 检验。

排序法比较快速，所需的培训也相对较少，所以应用范围比较广泛，但是在区别 3 个以上样品时，它的有效程度不如标度法。

姓名：_____　　日期：_____

请将下列容器按照溶液从多到少的顺序排列。

二、分类检验法

在分类法中，要求品评人员挑出那些能够描述样品感官性质的词汇。例如，对某种饮料，要求品评人员在能够对其进行描述的词汇前面划"√"。分类法中如果使用数字，那么数字代表的意义只是命名，如"1"是甜、"2"是酸等。

__甜　　　　　　　__酸　　　　　　　__有柠檬味的

__平淡的　　　　　__稠厚的　　　　　__清新的

__有果肉的　　　　__自然的　　　　　__有后味的

至于所使用的词汇，并没有统一标准，实验结束之后，将每个词汇被选中的次数进行统计，以此来报告结果。正确选择词汇对准确描述样品的感官特性及解释实验结果起着至关重要的作用，如果品评人员没有经过培训，那么一定要使用普通的、非专业的词汇。准确地选择词汇不仅在分类法中十分重要，在所有的测量方法中都同样重要，因为一切测量方法，都要用词汇来对样品的某项性质进行定义。词汇的选择一般在正式实验前，由有经验的品评人员坐在一起，围绕测样品，每人都提出能够描述其性质的词汇，然后大家讨论是否适用，最后列出大家都同意的词汇，所列词汇尽量做到能够全面描述待测样品。进行类似实验时，可以参照使用以前使用过的词汇，但不能完全照搬，因为总会存在这样那样的不同，在使用时，要注意词汇的更新。在选择词汇并对其进行定义或解释时，要注意与产品真正的物理、化学性质相关联，这样有助于品评人员的理解，从而使数据更可靠，更有利于结果的分析、解释及结论的得出。下面是一些分类法中经常使用的词汇。

（1）辛辣味儿。如辣椒味，洋葱味，大葱味，大蒜味，桂皮味，花椒味，丁香味，生姜味，芥末味。

（2）一些护肤品使用后的感觉。如光滑的，油腻的，涩的，干的，潮湿的，粗糙的，柔软的，发紧的。

三、评分检验法

评分检验法是经常使用的一种感官评价方法，由专业的评分员用一定的尺度进行评分，经常用评分来评价的商品有咖啡、茶叶、调味料、奶油、鱼、肉等。

（一）评分方法概述

1. 应用领域

可用于鉴评一种或多种产品的一个或多个指标的强度及其差异，特别适用于鉴评新产品。

2. 实验步骤

首先应确定所使用的标度类型，使鉴评员对每一个评分点所代表的意义有共同的认识。样品的出示顺序可随机排列。

3. 技术要点

（1）根据鉴评员各自的鉴评基准进行判断。

（2）用增加鉴评员人数的方法来提高实验精度。

（3）在评分时，使用的数字标度为等距标度或比率标度。

4. 答卷举例

（1）9分制评分法。评价结果可转换成数值。如：非常不喜欢＝1，很不喜欢＝2，不喜欢＝3，不太喜欢＝4，一般＝5，稍喜欢＝6，喜欢＝7，很喜欢＝8，非常喜欢＝9。

（2）平衡评分法。如：非常不喜欢＝－4，很不喜欢＝－3，不喜欢＝－2，不太喜欢＝－1，一般＝0，稍喜欢＝1，喜欢＝2，很喜欢＝3，非常喜欢＝4。

（3）5分制评分法。如：无感觉＝0，稍稍有感觉＝1，稍有感觉＝2，有感觉＝3，较强的感觉＝4，非常强的感觉＝5。

（4）10分制评分法。比如熟鲜鱼新鲜度评分标准（10分）如下。

10分：新鲜鱼油味，甜，肉香，奶油味，金属光泽，无不良气味。

9分：新鲜鱼油味，甜，肉香，奶油味，具有本属特征。

8分：油的，甜，肉香，奶香，烧焦味。

7分：油的，甜，肉香，奶香，轻微酸败，轻微的酸味。

6分：油的，甜，放置了几天的肉，奶香，酸败，酸味。

5分：酸败，汗味，霉味，酸味。

4分：酸败，汗味，奶酪味，发酸的水果，轻微的苦味。

3分：酸败，奶酪味，酸味，苦味，腐败的水果味。

该方法认为低于3分的制品已经没有任何食用价值，因此没有必要为3分以下的制品制定评分标准。

（5）百分制评分法。通过复合比较，分析各个样品的各个特性的差异情况。但当样品数只有2个时，可用较简单的t检验。

（二）应用实例

例1　10位鉴评员鉴评两种样品，以9分制鉴评，问两样品是否有差异。评价结果见表4-14。

表4-14　评价结果

评价员		1	2	3	4	5	6	7	8	9	10	合计	平均值
样品	A	8	7	7	8	6	7	7	8	6	7	71	7.1
	B	6	7	6	7	6	6	7	7	7	7	66	6.6
评分差	d	2	0	1	1	0	1	0	1	−1	0	5	0.5
	d^2	4	0	1	1	0	1	0	1	1	0	9	

用t检验进行解析：其中$d=0.5$、$n=10$，计算结果$t=1.86$。

以鉴评员自由度为9查t分布表（见表4-15），在5%显著水平相应的临界面值$t_{0.05}=2.262$，因为$2.262>1.86$，可推断A、B两样品没有显著差异（5%水平）。

故可得出"这三种调味汁之间的风味没有差别"的结论。

表4-15　t分布表

自由度	显著水平		自由度	显著水平		自由度	显著水平	
	5%	1%		5%	1%		5%	1%
3	3.182	5.841	9	2.262	3.250	15	2.131	2.947
4	2.776	4.604	10	2.228	3.169	16	2.120	2.921
5	2.571	3.365	11	2.201	3.106	17	2.110	2.898
6	2.447	3.707	12	2.179	3.055	18	2.101	2.878
7	2.365	3.499	13	2.160	3.012	19	2.093	2.861
8	2.306	3.355	14	2.145	2.977	20	2.086	2.845

四、标度检验法

从感官评价的定义中知道，它是一门度量的科学，度量是将感官体验进行量化的关键一步，在此基础上才能将数据进行统计分析。标度检验既使用数字来表达样品性质的强度（甜度、硬度、柔软度），又使用词汇来表达对该性质的感受（太软、正合适、太硬）。如果使用词汇，应该将该词汇和数字对应起来。例如：非常喜欢=9、非常不喜欢=1，这样就可以将这些数据进行统计分析。感官评价中常用的标度方法有以下3种，即类项标度法、线性标度法和量值评估标度法。

（一）类项标度法

在类项标度中，要求品评人员就样品的某项感官性质在给定的数值或等级中为其选定一个合适的位置，以表明它的强度或自己对它的喜好程度。类项标度的数值通常有 7～15 个类项，取决于实际需要和品评人员能够区别出来的级别数。

类项标度的数值不能说明一个样品比另一个样品多多少。例如，在一个用来评价硬度的 9 点类项标度中，被标为"6"的样品其硬度不一定就是被标为"3"的样品硬度的 2 倍。在"3"和"6"之间的硬度差别可能与"6"和"9"之间的差别不一样，类项标度中使用的数字有时是表示顺序的，有时是表示间距的。下面是一些常用的类项标度的例子。

（1）数字标度

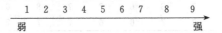

（2）语言类标度。如表 4-16 和表 4-17 所示。

表 4-16　语言类标度一

数　值	语言分类标尺 1	数　值	语言分类标尺 1
0	没有	4	轻微-中等
1	阈值	5	中等
2	非常轻	6	中等-强烈
3	轻微	7	强烈

表 4-17　语言类标度二

数　值	语言分类标尺 B	数　值	语言分类标尺 B
0	没有	8	
1	阈值	9	中等（大）
2		10	
3	轻微	11	大
4		12	
5	轻微（中等）	13	大（极度）
6		14	
7	中等	15	极度

（3）端点标示的 15 点方格标度

甜味　□□□□□□□□□□□□□□□

　　　不甜　　　　　　　　　　　　　　　很甜

（4）相对于参照的类项标度

甜度　□　□　□　□　□　□　□

　　较弱　　　　　　参照　　　　　较强

（5）适合于儿童的情感（快感）标度

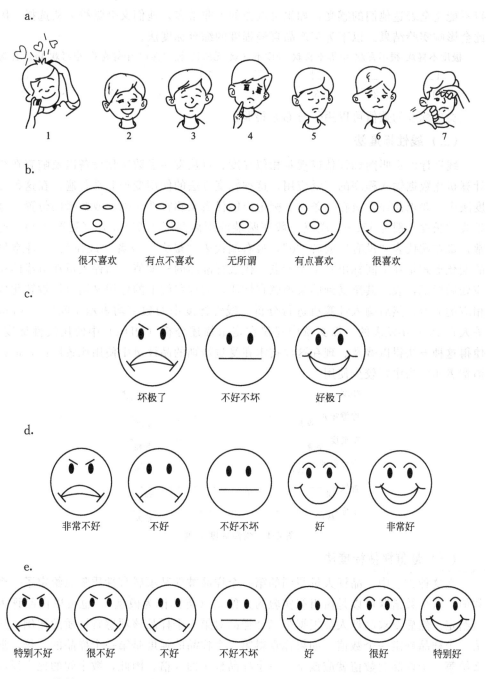

a.   1   2   3   4   5   6   7

b.   很不喜欢   有点不喜欢   无所谓   有点喜欢   很喜欢

c.   坏极了   不好不坏   好极了

d.   非常不好   不好   不好不坏   好   非常好

e.   特别不好   很不好   不好   不好不坏   好   很好   特别好

（6）其他方法。是综合使用以上方法的标度法，如数字标度和语言标度、端点标示和语言标度的综合。

类项标度在实践中使用较多，尤其是9点法，无论是数字法、方格法还是数字加方格法均得到广泛应用。如果品评员可选择的点很少，例如只有3点，他们会觉得不能完全表达他们的感受，如果可选择的点非常多，他们又会觉得无从选择，因此会影响实验结果。以下为某产品喜爱程度的综合标度法。

极度不喜欢 很不喜欢 中等不喜欢 轻度不喜欢 无所谓 轻度喜欢 中等喜欢 很喜欢 极度喜欢
□　　　□　　　□　　　□　　　□　　　□　　　□　　　□　　　□
1　　　2　　　3　　　4　　　5　　　6　　　7　　　8　　　9

类项标度的数值可以用χ^2分布来检验。

（二）线性标度法

线性标度也叫图标评估或视觉相似标度。自从发明了数字化设备以及随着在线计算机化数据输入程序的广泛应用，这种标度方法的使用变得非常普遍。在这种标度法中，要求品评人员在一条线上标记出能代表某感官性质强度或数量的位置，这条线的长度一般为15cm，端点一般在两端或距离两端1.25cm处（见图4-4）。通常，最左端代表"没有"或者"0"，最右端代表"最大"或者"最强"。一种常见的变化形式是在中间标出一个参考点，代表标准品的标度值。品评人员在直线的相应处做标记，表示其感受到的某项感官性质，而这些线上的标记又用直尺被转化成相应的数值，然后输入计算机进行分析。线性标度中的数字均表示是间距。Stone等人在1974年发表的一篇文章中建议在定量描述分析（QDA）中使用线性标度，使得这种方法得以普及。现在这项技术在受过培训的品评员中使用比较广泛，但在消费者实验当中则较少使用。

图4-4　线性标度举例

（三）量值评估标度法

在这种方法中，品评人员得到的第一个样品被就某项感官性质随意给定了一个数值，这个数值既可以是由组织实验的人给定（将其作为模型），也可以由品评人员给定。然后要求品评人员根据第二个样品对第一个样品该项感官性质的比例，给第二个样品确定一个数值。如果你觉得第二个样品的强度是第一个样品的3倍，那么给第二个样品的数值就应该是第一个样品数字的3倍。因此，数字间的比率反应了感应强度大小的比率。量值估计法中使用的数字虽然本意上是表示比例，但实际上既表示比例也表示间距。下面举例说明。

1. 有参考模型

品尝的第一块饼干的脆性是20。请将其他样品与其进行比较，以20为基础，就脆性与 20 的比例给定一个数值。如果某块饼干的脆度只有第一块饼干的一半，那么它脆度的数值就是 10。

第一个样品：<u>20</u>

样品 348：____

样品 432：____

2. 没有参考模型

品尝第一块饼干，就其脆性给定你认为合适的任何一个数值。然后将其他样品与它进行比较，按比例给出它们脆性的数值。

样品 837：____（第一个样品）

样品 639：____

样品 324：____

第三节　描述性分析实验

描述分析是由一组合格的感官评价人员对产品提供定性、定量描述的感官评价方法。它是一种全面的感官分析方法，所有的感官都要参与描述活动，如视觉、听觉、嗅觉、味觉等。其评价可以是全面的，也可以是部分的，例如对茶饮料的评价可以是食用之前、食用之中和食用之后的所有阶段，也可以只侧重某一阶段。

由于描述分析提供信息的特殊性，这种方法一直备受关注。一般的作坊由专家对其应该购买的原料进行描述，由他们评价加工工艺对产品质量的影响，某些特殊产品还要由他们制定专门的质量标准，这些都是描述分析方法。

品评人员要能够对样品的感官性质进行定性描述，定性方面的性质就是该样品的所有特征性质，包括外观、气味、风味、质地和其他有别于其他产品的性质。除此之外，品评人员还要能够对样品的这些感官特性进行定量分析，能够从强度或程度上对该性质进行说明。两个样品可能含有性质相同的感官特性，但在强度上可能有所不同，这就是这两个样品之间的差别。表 4-18 是两种薯片（样品 585 和样品 513）含有的相同感官特性（定性），但这些特性的量是不一样的（定量），该实验用 15cm 长的标度尺来进行定量，"0" 表示程度为 0，"15" 表示强度非常大。

表 4-18　两种薯片的感官特性比较

感官特性	样品 585	样品 513	感官特性	样品 585	样品 513
油炸土豆味	7.5	4.8	咸	6.2	13.5
生土豆味	10.1	3.7	甜	2.2	1.0
植物油味	3.6	1.1			

从上面可以看出，虽然两种薯片含有相同的感官特性，但其强度是不同的，样品585的特征是：油炸土豆味明显，伴有油、甜和生土豆味；而样品513的主要特征则是：咸，伴有土豆味，油和甜的感觉不明显。

1. 应用领域

通过描述分析可以得到产品香气、风味、口感、质地等方面的详细信息，具体来说，这种研究方法应用在以下几个方面：

① 为新产品开发确定感官特性；

② 为产品质量控制确定标准；

③ 为消费者实验确定需要进行评价的产品感官特性，帮助设计问卷，并有助于实验结果的解释；

④ 对储存期间的产品进行跟踪评价，有助于产品货架期和包装材料的研究；

⑤ 将通过描述分析获得的产品性质和用仪器测定得到的化学、物理性质进行比较；

⑥ 测定某些感官性质的强度在短时间内的变化情况，如利用"时间-强度分析"法。

2. 描述分析的组成

（1）性质——定性方面。对产品性质进行描述的"感官参数"的叫法有许多，例如性质、特征、指标、描述性词汇或术语等。

这些定性因子包括用于描述产品感官性质的一切词汇，需要明确的一点是，如果品评人员没有接受过培训的话，他们会对同一个词语有着非常不同的理解。这些感官特性的选择和对这些特性给出的定义一定要和产品真正的理化性质相联系，因为对产品理化性质的理解有助于这些描述性数据的解释和结论的得出。下面是几种不同的描述所包含的因素。

① 外观

a. 颜色：色彩、纯度、一致性、均匀性。

b. 表面质地：光泽度、平滑/粗糙度。

c. 大小和形状：尺寸和几何形状。

d. 内部片层和颗粒之间的关系：黏性、成团性、松散性。

② 气味

a. 嗅觉感应：香草味、水果味、花香、臭鼬味。

b. 鼻腔感觉因子：凉的、刺激性的。

③ 风味

a. 嗅觉感应：香草味、水果味、花香、臭鼬味、巧克力味、酸败味。

b. 味觉感应：咸、甜、酸、苦。

c. 口腔感觉因素：热、凉、焦糊感、涩、金属味。

④ 口感、质地

a. 机械参数：产品对作用力的反应（硬度、黏度、变形性/脆性）。

b. 几何参数：大小、形状和颗粒在产品内部的分布、排列（小粒的、大粒的、成片的、成条的）。

c. 脂肪/水分参数：脂、油、水分的多少，它们的游离或被吸附的状态（油的、腻的、多汁的、潮的、湿的）。

如前面提到的一样，描述性分析实验的有效性和可靠性取决于以下几个方面：

a. 恰当选择词汇，一定要对风味、质地、外观等感官特性产生的原理有全面的理解，正确选择进行描述的词汇；

b. 全面培训品评人员，使品评人员对所用描述性词汇的理解和应用达到一致；

c. 合理使用参照词汇表，保证实验的一致性。

（2）强度——定量方面。描述分析的强度或定量表达了每个感官特性（词汇/定性因素）的程度，这种程度通过一些测量尺度的数值来表示，这种数值的有效性和可靠性取决于以下三个方面：

a. 选用的尺度的范围要足够宽，要包括该感官性质所有范围的强度，同时精确度要足够高，可以表达两个样品之间的细小差别；

b. 对品评人员进行全面培训，掌握标尺的使用；

c. 不同的品评人员在不同的品评中，参照的标尺要一致，才能保证结果的一致性。

描述分析中常用的标度有以下三种。

a. 类别标度：描述分析中常用的类别是从 0 到 9。

b. 线型标度：和类别标度一样常用，优点是能够更加精确地表示强度，缺点是重复性不是很好，因为要记住标尺上的准确位置不像记数字那么容易。

c. 量值估计标度。

（3）呈现的次序——时间方面。在品评时，除了要考虑样品的感官特性和这些特性的强度之外，品评人员还能够将产品之间的这些差别按照一定的顺序识别出来。与口腔、皮肤、纤维、质地等有关的物理特性出现的次序通常和样品被处理的方式有关，也就是与品评员给予样品的力有关。通过控制施力的方式，例如咀嚼或用手挤碎，品评人员一次只能使有限的几个感官特性表现出来（硬度、稠密性、变形性）。然而，由于化学因素（气味和风味）的存在，样品的化学组成和物理性质（温度、体积、浓度）可能会改变性质被识别的顺序。在某些产品中，感官特性出现的顺序能够说明该产品含有的气味和风味及其强度情况。

按顺序出现的感官特性也包括后/余味和后/余感，就是产品被品尝或触摸之后仍然留有的感觉，它们也是重要的感官特性，有时在对产品的描述当中会出现与后/余味和后/余感有关的性质，这并不一定代表产品本身有缺点。例如，漱口液或口香糖的残留凉爽感就是人们想要的品质，而另一方面，如果可乐饮料有金属残余味则表明存在包装污染问题或某种特殊甜味剂有问题。

（4）总体感觉——综合方面。除了能对产品的性质进行定性、定量的区别和描述之外，品评人员还要能够对产品的性质做出总体评价。进行总体评价通常有以下四个方面。

a. 气味和风味的总强度：对所有气味成分（能够感觉到的挥发性成分）或风味的总体强度的测量，包括气味、滋味和与风味有关的感觉因素。这样的品评对于确定产品气味或风味强度的消费者实验十分有用，因为消费者并不理解受过培训的品评人员使用的那些用来描述气味和风味的词汇，他们只能给出他们认为的产品的总体气味或风味的强度。而评价质地时，通常不使用"总体质地"，而是对质地进行细化。

b. 综合效果：即一种产品当中几种不同的风味物质相互作用的效果。这种评价工作通常只有水平比较高的品评人员才能完成，因为进行这种评价时要对体系中存在的各种风味物质及其相对强度，以及它们在体系当中的协调情况有着全面、综合的理解，而这种理解能力的获得一半靠天分，一半靠后天学习，所以说，这种评价是很难的。在应用时也要注意，因为对于有的产品来说，一个混合的口味并不可取，还是以突出某种口味更好一些。

c. 总体差别：许多生产企业经常要确定样品和参照样或标准样之间是否存在差别，而描述分析可以为产品之间的差异提供更详细的信息。例如哪些感官特性之间存在差异，差异的程度是多少等。

d. 喜好程度分级：即在所有的描述工作结束之后，要求品评人员回答对产品的喜好情况。但在一般情况下不建议这样做，因为经过培训之后，品评人员已经不再是普通的消费者，他们的喜好情况已经不是培训之前的状态，他们不再能够代表任何一种人群，因此他们的喜好是没有什么实际意义的。

3. 常用的描述分析方法

描述分析方法分类见表 4-19。

表 4-19　描述分析方法分类

定性法	定　量　法	定性法	定　量　法
风味剖析法	质地剖析法 QDA 法（定量描述分析法）	风味剖析法	系列分析法 自由选择剖析法

一、风味剖析法

（一）概述

风味剖析法是唯一正式的定性描述分析方法。进行该分析的品评小组由 4～6 名受过培训的品评人员组成，对一个产品的能够被感知到的所有气味和风味及它们的强度、出现的顺序以及余味进行描述、讨论，达成一致意见之后，由品评小组组长进行总结，并形成书面报告。

品评人员通过味觉、味觉强度、嗅觉区别和描述等实验进行筛选，然后进行面试，以确定品评人员的兴趣、参加实验的时间以及是否适合进行品评小组这种集体工作。

　　培训时，要提供给品评人员足够的产品参照样品及单一成分参照样品，使用合适的参比标准，有助于提高描述的准确度。品评人员对样品品尝之后，将感知到的所有风味特征按照香气、风味、口感和余味分别记录，几次之后，进行讨论，对形成的词汇进行改进，最后由品评人员共同形成一份供正式实验使用的带有定义的描述词汇。最初风味强度的评估是按照表 4-20 的形式进行的，但后来数值标度被引入风味剖析当中，人们开始使用 7 点或 10 点风味剖面强度标尺，也有人使用 15 点或更多点的标度方法。

表 4-20　风味剖析法的最初强度评估方法

评估用符号	代 表 意 义	评估用符号	代 表 意 义
0	没有	2	中等
)(	阈值（刚刚能感觉到）	3	强烈
1	轻微		

　　品评时，品评人员围坐在圆桌旁单独品评样品，一次一个，对样品所含的气味和风味感官特性、特性强度、出现顺序和余味进行评价，并记录结果。品评时就某一个产品可以要求提供更多的样品，但已经品评完的样品不能够回过头去再次品评。每个人的结果最后都交给品评小组组长，由他带领其他品评人员进行讨论，综合大家的意见，对每个样品都形成一份经商讨而决定的结果，包括该样品所含有的感官特性、强度、出现顺序和余味。

　　在这种方法中，品评小组组长的地位比较关键，他应该具有对现有结果进行综合和总结的能力。为了减少个人因素的影响，有人认为品评小组的组长应该由参评人员轮流担任。

　　风味剖析法的优点是方便快捷，品评的时间大约为 1 小时，由参评人员对产品的各项性质进行评价，然后得出综合结论。该方法的结果不需要进行统计分析。为了避免实验结果不一致或重复性差，可以加强对品评人员的培训，并要求每个品评人员都使用相同的评价方法。这种方法存在的不足之处主要有：品评小组的意见可能被小组当中地位较高的人或具有"说了算"性格的人所左右，而其他品评人员的意见则得不到体现；风味剖析法对品评人员的筛选并没有包括对特殊气味或风味的识别能力的测试，而这种能力对某些产品是非常重要的，因此可能会对实验有所影响。

（二）应用实例

　　例 1　添加磷酸三钠会提高肉制品的口感，抑制氧化的发生，从而减少氧化味道，但可能产生其他不良口味，为了确定某火鸡肉馅饼添加 0.4% 的磷酸三钠后的口味，现对该制品进行风味剖析评价。

样品：火腿。

品评员：品评小组由 8 名受过培训并有过相关实验经验的人员组成，由于他们已经受过类似培训，所以只在实验前进行 2 小时左右的简单培训，主要是熟悉可能出现的风味。

实验步骤：使用标度＝阈值；1＝轻微；2＝中等；3＝强烈。以上标识后面跟"＋"和"－"表示"高于"或"低于"，例如"2＋"表示高于中等强度，但还达不到强烈的程度。所有品评人员围坐在圆桌旁，先由每个人对所有样品就存在风味、出现顺序及风味强度进行评价，然后大家一起讨论。连续几天重复以上过程，直到所有的品评员对样品风味、风味出现顺序和强度达成一致意见，最后，再对样品进行最后一次正式实验，以确保大家的意见没有出入。

实验结果：大家形成的描述词汇、定义及参照物见表 4-21，产品最终的风味剖析见表 4-22。

表 4-21　添加了磷酸三钠的火鸡肉馅饼的风味描述词汇、定义及参照物

风味	定义	参照物
蛋白质味	明确的蛋白质的味道(如奶制品、肉类、大豆等)，而不是碳水化合物或脂类的味道	用微波炉将新鲜的鸡大腿加热，使其内部温度达到 50℃的味道＝2
肉类味	明确的瘦肉组织的味道(如牛肉、猪肉、家禽)，而不是其他种类的蛋白质的味道	
血清味	与肉制品当中血液有关的味道，通常和金属味一同存在	
金属气味	将氧化的金属器具(如镀银勺)放入口中的气味	0.15％硫酸亚铁溶液＝2
金属感觉	将氧化的金属器具(如镀银勺)放入口中的感觉	
家禽味	明确的家禽肉类的味道，而不是其他种类的肉	用微波炉将新鲜的鸡大腿加热到 80℃的味道＝2
肉汤味	煮制的非常好的肉类汁液的味道，如果能够分辨出是哪一种肉，可以标明××肉汤	Swanson 牌子的鸡肉汤的味道＝1
火鸡味	明确的火鸡肉，而不是其他种类的家禽肉的味道	用微波炉将新鲜的火鸡大腿加热到 80℃的味道＝2
器官部位肉味	器官组织，而不是鸡肉组织的肉的味道，比如心脏或胗(胃)，但不包括肝	用清水在小火下将鸡心完全煮熟然后切碎的味道＝2
苦味	基本味道之一	0.03％咖啡因溶液＝1

例 2　对市售主要淡水鱼进行风味研究。

样品：将 6 种市售淡水鱼（虹鳟、鳕鱼、草鱼、银鲑、河鲶、大口鲈鱼）切片、烤制。各种鱼的规格和烤制温度、步骤皆相同，具体操作略。

品评员：品评小组由 5 名受过培训并有过类似品评经验的品评人员组成，在正式实验前进行大约 5 小时的简单培训，以熟悉可能出现的各种风味词汇。

实验步骤：实验使用 1～10 点标度，1＝阈值，10＝强度非常大，没有使用 0，因为如果风味强度为 0，则该风味不会被觉察到，即不会出现。所有品评人员围坐

表 4-22 火鸡馅饼的风味剖析结果

风 味	强 度	风 味	强 度
蛋白质味	2-	火鸡味	1
肉类味	1	器官部位肉味	1-
血清味	1	金属气味和感觉	1
		苦味	)(
金属气味和感觉	1-	余味	
家禽味	1+	金属感觉	2-
肉汤味	1-	家禽味	1-
		火鸡味	)(+
		器官部位肉味	)(+

在圆桌前，首先进行单独品尝，每人按相同大小咬一口样品，就风味、风味出现顺序、风味强度进行记录，样品吞咽下 60 秒后进行余味评价。单独品尝结束之后进行小组讨论，每种鱼要进行 3～6 次为期 1 小时的评价，达成一致意见后，形成最终风味剖析结果。

实验结果：大家形成的描述词汇、定义及参照物见表 4-23，各种鱼的最终的风味剖析结果见表 4-24。

表 4-23 各种淡水鱼的风味描述词汇、定义及参照物

风 味	定 义	参 照 物
总体风味	风味的总体感觉，包括对风味的印象、风味的持续性以及各种风味之间的平衡和混合情况	
涩味	化学感觉的一种，表现为口感收敛、干燥	0.1%的明矾溶液＝7
苦味	基本感觉之一	0.03%的咖啡因溶液＝3
玉米味	罐装甜玉米的典型风味	Libby 牌子的罐装玉米＝10
奶制品	牛奶制品的味道	牛奶(乳脂肪 2%)＝6
腐败的植物味	腐败植物的霉味	将新鲜的绿色玉米外壳放入密闭容器中，在室温下放置 1 周的味道
土腥味	生马铃薯或潮湿的腐殖土壤的轻微的发霉的味道	生蘑菇＝8，切片的爱尔兰白色马铃薯＝6
鱼油	市售鱼油、罐装沙丁鱼或(鳕)鱼肝油的味道	Rugby 牌子的(鳕)鱼肝油＝10，1 个胶囊装的鳕鱼肝油(Rugby)＋20ml 的大豆油＝3
鲜鱼	煮熟的新鲜鱼的味道	实验前 1 小时装瓶的 Elodea(一种水生植物)的味道＝7
金属味道	将氧化银或其他氧化金属器具放入口中的味道	0.15%的硫酸亚铁溶液＝3
金属感觉	将氧化银或其他氧化金属器具放入口中的口感	
坚果/奶油	切碎的坚果味，如核桃或熔化的奶油味	去壳的核桃＝9
油味	大豆油的气味	大豆油的气味＝4
咸味	基本味道之一	0.2%NaCl 的水溶液＝2，0.5%NaCl 的水溶液＝5
甜味	甜的物质，如花、成熟水果、焙烤制品的味道	C&H 牌子的红糖的味道＝8
白肉味	明确的白色瘦肉组织的肉的味道，而不是其他类型的肉或蛋白质	在微波炉中加热到 80℃ 的鸡胸肉的味道＝2

表 4-24 各种鱼的风味剖析结果

红 鳟		鳕 鱼		草 鱼		银 鲑		河 鲶		大口鲈鱼	
风味	强度	风味	强度	风味	强度	风味	强度	风味	强度	风味	强度
总体风味	7	总体风味	9	总体风味	6	总体风味	8	总体风味	8	总体风味	6
咸味	2	咸味	1	鲜鱼味	5	鲜鱼味	6	咸味	1	咸味	2
鲜鱼味	7	鲜鱼味	7	土腥味	3	鱼油味	3	鲜鱼味	7	鲜鱼味	5
鱼油味	5	白肉味	7	金属味	3	咸味	2	土腥味	3	土腥味	
白肉味	5	甜味	3	金属感觉	3	苦味	3	腐败的	1	白肉味	5
坚果/奶	4	玉米味	3	白肉味	7	金属味	3	植物味		坚果/奶	
油味		奶制品味	3	坚果/奶	4	金属感觉	4	玉米味	3	油味	
甜味	2	坚果/奶	5	油味		酸味		甜味	3	甜味	
金属味	3	油味		油味	2	白肉味	6	坚果/奶	5	金属味	
金属感觉	2	油味	5	苦味	2	坚果/奶	3	白肉味	4	金属感觉	2
涩味	2	金属味	5			油味		油味	4		
		金属感觉	2			甜味	2	苦味	1		
						油味	3	酸味			
								金属感觉	1		
余味		余味		余味		余味		余味		余味	
鱼油	3	鲜鱼味	4	白肉味	3	鲜鱼味	3	土腥味	2	鲜鱼味	3
鲜鱼味	3	白肉味	4	金属味	2	白肉味	2	鲜鱼味	2	白肉味	2
金属感觉	2	金属味	1	金属感觉	2	金属味	2	金属感觉	1	金属味	1
涩味	1					金属感觉	2	涩味	2		
金属味	1					苦味	2	苦味	2		

注：1＝阈值，10＝强度非常大。

例3 某食品公司将他们目前生产的含有青刀豆和奶酪的卷饼和市场上畅销的该类卷饼进行了风味剖析实验，包括风味特征、出现顺序和相对强度。

样品：略。

品评人员：略。

实验步骤：使用15点标度法对强度进行标度，1＝阈值，15＝强度极大。递增单位为0.5。其他步骤同例1和例2。

实验结果：风味剖析结果见表4-25（风味描述词汇、定义及参照物略）。

从上面的结果可见，无论从产品的各种风味还是风味出现的顺序来看，该公司的目前产品和市场类畅销产品之间是存在差别的。从总体风味的差别可以看出，目前产品与畅销产品相比，风味平淡，特点不够突出，而且有热油味道。市场畅销产

表 4-25　两种含有青刀豆和奶酪的卷饼的风味剖析结果

公司目前产品			市场畅销产品			公司目前产品			市场畅销产品		
序号	风味指标	强度	序号	风味指标	强度	序号	风味指标	强度	序号	风味指标	强度
1	总体风味	8.0	1	总体风味	11.0	10	红辣椒味	2.5	10	小麦味	5.0
2	热油味	7.0	2	总体辣味	5.0	11	加工奶酪味	2.5	11	烘烤味	4.0
3	总体辣味	4.0	3	牛至味	3.0	12	尖椒味	2.5	12	加工奶酪味	2.5
4	小茴香味	3.0	4	龙蒿味	2.0	13	油腻味	3.0	13	尖椒味	1.0
5	肉味	5.0	5	姜黄味	2.0	14	烧烤味	2.0	14	烧烤味	5.5
6	斑豆味	10.0	6	黑胡椒味	2.5	15	咸味	7.0	15	咸味	8.0
7	小麦味	4.0	7	鸡肉味	5.0	16	酸味	2.5	16	酸味	2.5
8	面团味	4.5	8	斑豆味	2.0	17	苦味	2.5	17	苦味	2.5
9	新鲜洋葱味	4.0	9	干洋葱味	3.0						

注：牛至和龙蒿均为有特殊香味的草本植物。

品的特点是有香气的草本植物的味道比较浓，如牛至、龙蒿、姜黄、黑胡椒等。目前产品有生面团的味道，而畅销产品则没有生面团味，有烧烤味道。

二、质地剖析法

国际标准组织将食品质地定义为：通过机械、触觉、视觉和听觉感受器所感受到的产品的所有流变学和结构上的特性。这个定义包含的内容有以下几个方面：

① 质地是一种感官性质，只有人类才能够感知并对其进行描述，质地测定仪器能够检测并定量表达的仅是某些物理参数，要想使它们有意义，必须将其转变成相应的感官性质；

② 质地是一种多参数指标，它包括很多方面，而不只是某一种性质；

③ 质地是从食品的结构衍生出来的；

④ 质地的体会要通过多种感受，其中最重要的是接触和压力。

质地虽然不能像颜色和风味那样可以被消费者作为判断食品安全的指标，却可以用来表示食品质量。在一些食品当中，能被人感知到的质地是产品最重要的感官特征，对这些产品而言，能够感知到的质地上的缺陷会对产品产生负面影响。例如，湿乎乎的薯片、软塌塌的炸牛排、发蔫的青椒，没有一个消费者愿意购买这样的产品，因此，对消费者来讲，食品质地也是十分重要的。

质地可分为听觉质地、视觉质地和触觉质地。听觉质地有脆性和易碎感，脆性一般是指含水分的食品，例如水果、蔬菜；而易碎感是指干的食品，比如饼干、薯片。视觉质地是指食品的表面质地，如粗糙度、光滑度，也包括一些表面特征，如光泽度、孔隙大小多少等。品评人员可以根据自己以往的经验通过视觉对产品做出质地评价，有实验表明，通过口腔接触对蛋糕水分进行的评价与蛋糕表面切开的视觉评价之间的相关性是很高的。触觉质地包括口腔触觉质地（食品的大小、形状）、口感、口腔中的相应变化（即溶化，如冰激凌和巧克力）和触觉手感。

美国学者将消费者常用的质地描述词汇和产品流变学特性联系起来，将产品能被感知到的质地特征分为 3 类，即力学特征、几何特征和其他特征（主要指食品的脂肪和水分含量），形成了质地剖析法的基础（见表 4-26）。

表 4-26　描述质地的词汇

力 学 特 性			几 何 特 性		其 他 特 性		
主要特征	次要特征	常用词汇	分类	举例	主要特征	次要特征	常用词汇
硬度		柔软、坚实、硬	a. 颗粒形状和大小	粗糙的、颗粒状的、沙粒状的	含水量		干燥、湿润、潮湿、水淋淋的
黏着性	易碎程度	易碎的、易碎程度	b. 颗粒形状和排列	细胞状的、晶状的、纤维状的	脂肪含量	油性	油的
	咀嚼性	柔软度、坚韧的					
	胶质性	短的、粉状的、软弱的、胶状的				脂性	腻的
弹性		有塑性的、有弹性的					
黏度		稀的、稠的					

在使用这种方法的时候，为了降低品评人员之间的差异，使用了特定参照物作为标尺，还固定了每个术语的范围和概念。质地剖析法的标度有各种长度，如咀嚼标度的 7 点法、胶质标度的 5 点法、硬度标度的 9 点法，还有 13 点法、14 点法、15 点法等，除此之外，还有最近使用的类别标度、线性标度和度量估计标度，具体方法根据实验的具体情况而定。特定的标尺、参照物和对术语的定义是质地分析的 3 个重要工具。

品评人员的筛选要通过质地差别的识别实验，然后进行面试。培训时使用足够的样品和参照物，并向品评人员讲授一些该实验涉及的质地知识原理。例如什么是脆性，它产生的原理，如何能够得到这个参数等。通过这个学习可以使品评人员掌握规范一致的各种测量质地的方法，这样随后的讨论也会进行得很顺利，从而确定出合适的描述词汇及其定义和品评的方法。培训中使用的参照尺度可以在正式实验中使用，可减少品评结果的不一致性。同风味剖析法一样，进行质地剖析的品评人员也要对选择的描述词汇进行定义，同时规定样品品尝的具体步骤。实验结果的得出方式有两种，最初是同风味剖析法一样，由大家讨论得出，这种方式不需要准备共同使用的描述词汇表，实验结果是多次集体品尝、讨论的结果；而后来的情况发展成在培训结束之后形成大家一致认可的描述词汇、定义，供正式评价用，正式评价时由每个品评人员单独品尝，最后通过统计分析得到结果，从收集到的资料来看，采用统计分析得到最后结果的占多数。

例4　对"风味剖析法"中例2的淡水鱼进行质地研究。

样品：同"风味剖析法"中的例2。

品评员：品评小组由5名受过培训并有过类似品评经验的品评人员组成，在正式实验前进行大约5小时的简单培训，熟悉各种参照物和可能出现的各种质地词汇。

实验步骤：使用1～10点标尺，1表示刚刚感觉到，10表示程度非常大。品尝时，首先对样品进行观察，然后咬第一口，评价口感，再咬第二口，评价各项指标出现的顺序，然后再咬3口，确定各项质地指标的强度。个人评价结束后，进行小组讨论。以上过程重复3～4次，得出最终结果。

实验结果：质地描述词汇、定义、参照物见表4-27，最终质地剖析结果见表4-28。

表4-27　部分淡水鱼质地评价的描述词汇、定义及参照物

质地指标	定义	参照物
咀嚼次数	是样品在口腔中破碎速度的指标。按照1次/秒的速度咀嚼，只用一侧牙齿。每个品评人员找出自己的咀嚼次数同1～10点标尺的对应关系	
食物团的紧凑性	咀嚼过程中，食物团聚集在一起（成团状）的程度	棉花软糖＝3，热狗＝5，鸡胸肉＝8
纤维性	咀嚼过程中，食物团聚集在一起（成团状）的程度	热狗＝2，火鸡＝5，鸡胸肉＝10
坚实性	咀嚼过程中，肌肉组织呈丝状或条状的感觉	热狗＝4，鸡胸肉＝9
自我聚集力（口感）	将样品用白齿咬断所需的力	鸡胸肉＝1，火鸡＝6
自我聚集力（视觉/手感）	将样品放在口腔中咀嚼，用舌头将丝状的样品分开所需的力	火鸡＝2，罐装金枪鱼～5
胶黏性	黏稠而又光滑的液体性质	Knox牌的明胶水溶液＝7
多汁性（起始阶段）——水分的释放	咬样品时释放出的水分情况	热狗＝5
多汁性（中间阶段）——水分的保持性	咀嚼5次之后，食物团上的液体情况	火鸡＝4，热狗＝7
多汁性（终了阶段）——水分的保持和吸收情况	在吞咽之前，食物团上的液体情况	Nabisco无盐苏打饼干＝3，热狗＝7
残余颗粒	咀嚼和吞咽结束之后，口腔中的颗粒情况，可能是颗粒状、片状或纤维状	蘑菇＝3，鸡胸肉＝8

注：参照样品的准备方法如下。

1. 鸡胸肉：新鲜鸡胸肉用微波炉加热到80℃。

2. 火鸡：Dillons牌子的无盐、低脂鸡胸肉，切成1.3cm见方的小丁。

3. 明胶：1勺Knox牌的明胶用3杯水溶解，冰箱过夜，室温呈送。

4. 热狗：热水煮4分钟，切成1.3cm的片，温热时呈送。

5. 蘑菇：生的口蘑，切成1.3cm见方的小丁。

表 4-28　部分淡水鱼的质地剖析结果

质地指标	红鳟	鳕鱼	草鱼	银鲑	河鲶	大口鲈鱼
自我聚集力(视觉/手感)	4	6	8	6	4	5
胶黏性	2	3	1～3	2	7	2
多汁性	5	5	8	7	8	6
初始阶段						
自我聚集力(口感)	6	6	9	6	8	6
坚实性	7	6	7	6	4	6
纤维性	7	6	8	6	4	6
多汁性	5	5	8	6	8	8
中间阶段						
食物团的紧凑性	7	6	8	8	7	7
多汁性	3	4	6	6	8	5
终了阶段						
残余颗粒	6	4	6	6	4	4
咀嚼次数	7	6	7	6	7	8

注：1＝刚刚感到；10＝强度极大。

三、定量描述分析法

　　定量描述分析法克服了风味剖析法和质地剖析法的一些缺点，同时还具有自己的一些特点，而它最大的特点就是利用统计方法对数据进行分析。所有的描述分析方法都使用 20 个以内的品评人员，对于定量描述分析法来说，一般使用 10～12 名品评人员。

　　参评人员要具备对实验样品的感官性质差别进行识别的能力。在正式实验前，要对品评人员进行培训，首先是描述词汇的建立，召集所有的品评人员，对样品进行观察，然后每个人都对产品进行描述，尽量用他们熟悉的常用的词汇，由小组组长将这些词汇写在大家都能看到的黑板上，然后大家分组讨论，对刚才形成的词汇进行修订，并给出每个词汇的定义。这个活动每次 1 小时左右，要重复 7～10 次，最后形成一份大家都认可的描述词汇表。

　　在建立描述词汇的过程中，品评小组组长起到一个组织的作用，他不会对小组成员的发言进行评论，不会用自己的观点去影响小组成员，但是小组组长可以决定何时开始正式实验，即品评小组组长可以确定品评小组是否具有对产品评价的能力。

　　培训结束后，要形成一份大家都认同的描述词汇表，而且要求每个品评人员对其定义都能够真正理解。这个描述词汇表在正式实验时使用，要求品评人员就每项性质（每个词汇）对产品进行评分。使用的标度是一条长为 15cm 的直线，起点和终点分别位于距离直线两端 1.5cm 处，一般是从左向右强度逐渐增加，如由弱到强、由轻到重。品评人员的任务就是在这条直线上做出能代表产品该项性质强度的标记。

正式实验时，为了避免互相干扰，品评人员在单独的品评室对样品进行评价，实验结束后，将标尺上的刻度转化成数值输入计算机，也可以使用类别标度法。

例 5　草莓涂膜之后存放期间的感官分析。

实验样品：新鲜草莓；未经处理存放 1、2 周的草莓；涂膜剂 1 处理后存放 1、3 周的草莓；涂膜剂 2 处理后存放 1、2、3 周的草莓。用定量描述分析方法对产品进行分析。

品评人员的筛选：按照第三章对描述分析品评人员的筛选方法，选出 9 名合格并且经常食用草莓的教工及学生作为该实验的品评人员。

品评人员的培训：选取具有代表性的草莓样品，由品评人员对其观察，每人轮流给出描述词汇，并给出词汇的定义。经过 4 次讨论，每次 1 小时，最后确定草莓的描述词汇表（见表 4-29）。使用 0～15 的标尺进行评分。

正式实验：在实验开始前 1 小时，将样品从冰箱中取出，使其升至室温，每种草莓样品用一次性纸盘盛放（2 个/盘），并用 3 位随机数字编号，同答题纸一并随机呈送给品评人员。品评人员在单独的品评室内品尝草莓，对每种样品就各种感官指标评分。实验重复 2 次进行。

表 4-29　草莓涂膜之后在存放期间的感官分析部分描述词汇表

指　　标	定　　义
外观	
光泽度	表面反光的程度
干燥情况	表面缩水的程度
表面发白情况	表面有白色物质硬盖的程度
质地	
坚实度	用臼齿将样品咬断所需的力
多汁情况	将样品咀嚼 5 次之后，口腔中的水分含量
风味/基本味道	
总体草莓香气	总体草莓风味感觉（成熟的，未成熟的，草莓酱，煮熟的草莓）
甜度	基本味觉之一，由蔗糖引起的感觉
酸度	基本味觉之一，由酸（醋酸、乳酸等）引起的感觉
余味	
涩度	口腔表面的收缩、干燥、缩拢感

将每名品评人员的两次实验结果平均，得到每名品评人员对各种草莓样品评价的平均分。

复　习　题

1. 请简述差别检验的分类。

2. 请简述三角检验法的概念。

3. 请简述 2-3 点检验法如何实施。

4. 请简述排序检验法的用途。

5. 请简述分类检验法的定义。

6. 如何设计评分检验？

7. 描述性实验在食品研究中的应用。

第五章　肉与肉制品的感官评价

第一节　鲜肉感官评价

一、鲜畜禽肉质量感官评价原则

（一）畜禽肉感官评价要点

对畜禽肉进行感官评价时，一般是按照如下顺序进行：首先是看其外观、色泽，特别应注意肉的表面和切口处的颜色与光泽，有无色泽灰暗，是否存在淤血、水肿、囊肿和污染等情况；其次是嗅肉品的气味，不仅要了解肉表面上的气味，还应感知其切开时和试煮后的气味，注意是否有腥臭味；最后用手指按压、触摸以感知其弹性和黏度，结合脂肪以及试煮后肉汤的情况，才能对肉进行综合性的感官评价和鉴别。

（二）禽肉及其肉制品的感官评价与食用原则

肉及肉制品在腐败过程中，由于组织成分被分解，首先使肉品的感官性状发生令人难以接受的改变，因此借助人的感官来识别其质量优劣，具有很重要的现实意义。

经感官评价后的肉及肉制品，可以按如下原则来食用或处理。

（1）新鲜（或优质）的肉及肉制品可供食用并准许出售，可不受限制。

（2）次鲜（或次质）的肉及肉制品，根据具体情况进行必要的处理。对稍不新鲜的，一般不限制出售，但要求货主尽快销售完，不宜继续保存。对有腐败气味的，须经修制、剔除变质的表层或其他部分后，再高温处理，方可供应及销售。

（3）腐败变质的肉及肉制品，禁止供食用和出售，应予以销毁或改为工业用途。

二、几种猪肉的感官评价

（一）鲜猪肉的感官评价

1. 外观评价

新鲜猪肉——表面有一层微干或微湿的外膜，呈暗灰色，有光泽，切断面稍湿、不粘手，肉汁透明。

次鲜猪肉——表面有一层风干或潮湿的外膜，呈暗灰色，无光泽，切断面的色泽比新鲜的肉暗，有黏性，肉汁浑浊。

变质猪肉——表面外膜极度干燥或粘手，呈灰色或淡绿色，发黏并有霉变现象，切断面呈暗灰色或淡绿色，很黏，肉汁严重浑浊。

2. 气味评价

新鲜猪肉——具有鲜猪肉正常的气味。

次鲜猪肉——在肉的表层能嗅到轻微的氨味、酸味或酸霉味，但在肉的深层却没有这些气味。

变质猪肉——腐败变质的肉，不论在肉的表层还是深层均有腐臭气味。

3. 弹性评价

新鲜猪肉——新鲜猪肉质地紧密却富有弹性，用手指按压凹陷后会立即复原。

次鲜猪肉——肉质比新鲜肉柔软、弹性小，用指头按压凹陷后不能完全复原。

变质猪肉——腐败变质肉由于自身分解严重，组织失去原有的弹性而出现不同程度的腐烂，用指头按压后凹陷，不但不能复原，有时手指还可以把肉刺穿。

4. 脂肪评价

新鲜猪肉——脂肪呈白色，具有光泽，有时呈肌肉红色，柔软而富有弹性。

次鲜猪肉——脂肪呈灰色，无光泽，容易粘手，有时略带油脂酸败味和哈喇味。

变质猪肉——脂肪表面污秽，有黏液，霉变呈淡绿色，脂肪组织很软，具有油脂酸败气味。

5. 肉汤评价

新鲜猪肉——肉汤透明、芳香，汤表面聚集大量油滴，具有油脂气味，滋味鲜美。

次鲜猪肉——肉汤浑浊，汤表面浮油滴较少，没有鲜香的滋味，常带有轻微的油脂酸败气味及味道。

变质猪肉——肉汤极浑浊，汤内漂浮着有如絮状的烂肉片，汤表面几乎无油滴，具有浓厚的油脂酸败味或显著的腐败臭味。

（二）米猪肉（囊虫病猪肉）的感官评价

米猪肉即患有囊虫病的死猪肉。这种肉对人体健康的危害性极大，不可食用。

感官评价米猪肉的主要手段是注意其瘦肉（肌肉）切开后的横断面，看是否有囊虫包存在。猪的腰肌是囊虫包寄生最多的地方，囊虫包呈石榴粒状，多寄生于肌纤维中。用刀子在肌肉上切割，一般厚度间隔为 1cm，连切四五刀后，在切面上仔细观察，如发现肌肉中附有石榴籽（或米粒）一般大小的水泡状物，即为囊虫包。囊虫包为白色、半透明状。

（三）瘟疫病猪肉的感官评价

1. 如何鉴别得了猪瘟疫病的活猪

（1）看出血点。得了猪瘟疫病的活猪，皮肤上有较小的深色出血点，以四肢和腹下部为甚。

（2）看耳颈皮肤。得了猪瘟疫的活猪，耳颈处的皮肤皆呈紫色。

（3）看眼结膜。得了猪瘟疫病的活猪，眼结膜发炎，有黏稠脓性分泌物。

因此，在生猪收购中发现以上症状或特征的猪，不得收购宰杀。

2. 瘟疫病猪肉的特征

（1）皮肤苍白，肉皮上有红斑点和坏死的现象。

（2）皮下脂肪、皮下及肌间的结缔组织有出血点，骨髓带有黑色。

（3）多数淋巴结边沿出血或呈网状出血或呈点状出血，切面呈大理石状或呈红黑色。

（四）黄脂猪肉与黄疸猪肉的鉴别

在市场上有时看到一种黄色的猪肉，人们往往认为它是病猪肉，不能吃。其实黄色猪肉是由两种情况引起的，应区别对待。

1. 黄脂猪肉的鉴别

这种猪肉脂肪为黄色。脂肪变黄的原因是，猪在饲养中，经常喂食含有丰富的黄色素饲料，如胡萝卜素、黄玉米面、黄瓜等，这些食物中的黄色素进入猪的机体后沉积于脂肪中，使脂肪呈现出不同程度的黄色。这种黄色脂肪在空气流通的环境中会逐渐减弱，并不影响食用。

2. 黄疸猪肉的鉴别

不但体腔内脂肪和皮下脂肪都呈黄色，而且黏膜、巩膜、结膜、浆膜、血管膜、肌腱和皮肤都呈黄色。其原因是这种猪由于某些传染性或中毒性疾病引起胆汁排泄发生障碍，使大量胆红素进入血液，造成全身组织发黄，所以它是一种病变猪肉，不能上市出售。

（五）陈旧猪肉与腐败猪肉的鉴别

1. 陈旧猪肉的鉴别

陈旧猪肉指活猪宰杀以后存放了一段时间的肉。这种肉的品质特征是，肉的表面很干燥，有时也带有黏液，肌肉色泽发暗，切面潮湿而有黏性，肉汁浑浊、没有香味，肉质松软，弹性小，用手指按压下去的凹陷部位不能立即复原，有时肉的表面还会发生轻微的腐败现象，但深层无腐败气味。此肉加盖煮沸后有异味，肉汤浑浊，汤的表面油滴细小，骨髓比新鲜的软，无光泽，呈暗白色或灰黄色，腱柔软，颜色灰白，关节表面有浑浊黏液。

2. 腐败猪肉的鉴别

腐败猪肉指活猪宰杀以后，经过较长时间的存放而发生腐坏的肉。这种肉的特点是，表面有的干燥，有的非常潮湿而带黏性。通常在肉的表面和切面上有霉点，呈灰白色或淡绿色，肉质松软、没有弹性，用手指按压下去的凹陷不能复原，肉的表面和深层皆有腐败的酸败味。加盖煮沸后，有难闻的臭味，肉汤呈污秽状，表面有絮片，没有油滴，骨髓软而无弹性，颜色暗黑，腱潮湿而污灰，为黏液覆盖，关节表面也有一层似血浆样的黏液。

（六）色泽异常猪肉的鉴别

1. 黄脂猪肉的鉴别

一般认为是进食了鱼粉、蚕蛹粕、鱼肝油下脚料等含有不饱和脂肪酸的饲料，以及带有天然色素的芜菁、南瓜、胡萝卜等引起的，同时还与体内维生素缺乏有关。在这些情况下，可使屠宰后的猪肉皮下腹部脂肪组织发黄，稍显浑浊，质地变硬，并略带鱼腥味。其他部位的组织则不发黄。也有人认为这种表现与某些疾病或遗传因素有关。因饲料原因引起的黄脂猪肉，在未发现其他不良变化时，完全可以食用。如伴有其他不良气味，则不能食用。

2. 黄疸猪肉的鉴别

这是由于胆汁排泄发生障碍或机体大量渗血，致使大量胆红素进入血液中，将全身各种组织染成黄色的结果。其特点是：不仅脂肪组织发黄，而且皮肤、皮肤黏膜、结膜、巩膜、关节囊液、组织液及血管内膜也都发黄。这一点在感官区分黄疸与黄脂肉时具有重要的意义。此外，在进行猪肝脏和胆道的剖检时，会发现绝大多数黄疸病例呈现病理性改变。在发现黄疸时，必须查明黄疸性质（传染性或非传染性），应特别注意排除钩端螺旋体病。真正的黄疸肉，原则上不能食用。如系传染性黄疸，应结合具体疾病进行处理。

3. 红膘和红皮猪肉的鉴别

红膘系宰后猪胴体的皮下脂肪发红色。一般来讲，轻度的只限于肉膘呈红色，严重的除肉膘发红之外，肠道以及其他器官有炎症时，皮肤也会发红。据有关资料报道，这种现象是出血性巴氏杆菌与猪丹毒杆菌所引起的，少数是由沙门菌所致。红皮猪肉屠宰后猪胴体皮肤发红，属弥漫性红染，多见于放血后未断气即泡烫的猪和长途运输后未经休息就立即屠宰的猪。对红膘和红皮猪肉，首先应进行细菌学检验，以确定是否与感染有关，如系感染所引起的，应依照有关传染病处理办法处理，如系一般性原因，如宰后未断气即泡烫引起大面积皮肤充血而导致的红皮，则可以在去除红皮后，供给食用和销售。

4. 白肌病猪肉的鉴别

白肌病即营养性肌萎缩，病因主要是维生素E及微量元素硒的缺乏。也有人认为是饲料中含有过多的不饱和脂肪酸，降低了机体对维生素E的利用率所致。白肌病猪肉在猪心肌与骨骼肌上分布有淡红色到白色的条纹或斑块，肌纤维透明或已钙化，病变肌肉苍白质地且松软湿润，状似鱼肉。患病猪全身肌肉均为不良变化时，不能供食用和销售。如病猪肉仅有局部轻微变化时，可以进行修割，除去病变部位后再供食用。

（七）滋味气味异常猪肉的鉴别

处在宰后和保藏期间的肉品，有时可发现其气味与滋味异常，注意到这种变化，对进行感官评价很重要。究其原因首先应考虑到以下因素的影响。

1. 腥臭气味

未阉割或晚割阴睾的公猪发出的难闻气味。腥臭可因加热而增强，故可应用煮沸方法进行鉴别。

2. 药物气味

屠宰前不久给牲畜灌服或注射具有芳香气味的药物，如醚、三氯甲烷、松节油、樟脑、甲酚制剂等，可使肉和脂肪带有该药物的气味。

3. 饲料气味

常见于进食了某些腐烂块根（如萝卜、甜菜）、油渣饼、鱼粉、鱼肝油、蚕蛹粕以及带浓厚气味的植物（如苦艾、独行菜）或长期喂泔水的猪，其肌肉和脂肪也可发出使人厌恶的各种气味。

4. 病理气味

屠宰牲畜的某些病理过程可导致肉的特殊气味和滋味。例如患蜂窝组织炎、子宫炎时，肉可带有腐败气味；患有损伤性、化脓性心包炎或腹膜炎时，肉有粪臭味和氨臭味；患有胃肠炎时可有腥臭味。

5. 附加气味

当肉品置于具有特殊气味（如汽油、油漆、香蕉、调味品或鱼虾等）的环境中，或使用具有特殊气味的运输工具时，会赋予肉品异常的附加气味。

6. 食用原则

这类肉品在排除其他禁忌证的情况下，先置于清凉通风处，让气味放散，然后进行煮沸实验，如煮沸样品仍有不良气味时，则不宜新鲜食用，应考虑进行复制加工或工业用。如带有轻微不良气味，应局部废弃，其余部分可供食用。

（八）注水猪肉的质量鉴别

鉴别注水猪肉有以下几种方法。

1. 色泽鉴别

正常的新鲜猪肉，肌肉有光泽，红色均匀，脂肪洁白，表面微干；注水后的猪肉，肌肉缺乏光泽，表面有水淋淋的亮光。

2. 胴体触摸鉴别

正常的新鲜猪肉，手触有弹性，有粘手感；注水后的猪肉，手触弹性差，亦无黏性。

3. 横面鉴别

正常的新鲜猪肉用刀切后，切面无水流出，肌肉间无冰块残留；注水后的猪肉切面有水顺刀流出，如果是冻肉，肌肉间还有冰块残留，严重时瘦肉的肌纤维被冻结冰胀裂，营养流失。

4. 纸实验验证鉴别

纸实验有多种方法。第一种方法是用普通薄纸贴在肉面上，正常的新鲜猪肉有一定的黏性，贴上的纸不易揭下；注了水的猪肉没有黏性，贴上的纸容易揭下。第二种方法是用卫生纸贴在刚切开的切面上，新鲜的猪肉纸上没有明显的浸润；注水的猪肉则有明显的湿润。第三种方法是用卷烟纸贴在肌肉切面上数分钟，揭下后用火柴点燃，如有明火，说明纸上有油，这是没有注水的肉；反之，则是注水的肉。

三、猪内脏质量的感官评价

因猪内脏组织含水量高，肌纤维细嫩，易受胃肠内容物及粪便污血的污染，故极易腐败变质。因此内脏质量优劣的感官评价尤其重要。在对猪内脏进行感官评价时，首先应留意其色泽、组织致密程度、韧性和弹性。其次观察有无脓点、出血点或伤斑，特别应该提到的是有无病变表现。然后是嗅其气味，看有无腐臭或其他令人不愉快的气味。作此类食物的感官评价，其重点应该放在审视外观、鼻嗅气味和手触摸了解组织形态三个方面。

（一）猪心的感官评价

新鲜猪心——呈淡红色，脂肪乳白色或带微红色，组织结实，具有韧性和弹性，气味正常。

变质猪心——呈红褐色或绿色，脂肪呈活红色或灰绿色，组织松软易碎，无弹性，具有异臭味。

病变猪心——心内、外膜出血、轻度充血或重度充血。

食用原则——新鲜的猪心，可供正常食用和销售。变质腐败的猪心则不可食用与销售，心内、外膜轻度出血及心包积液或心囊尾蚴在 5 个以下者，可经高温处理后供食用。上述三种病变严重者均应销毁。

（二）猪肝的感官评价

新鲜猪肝——红褐色或棕红色，润滑而有光泽，组织致密结实，具有弹性，切面整齐，略有血腥气味。

变质猪肝——发青绿色或灰褐色，无光泽，组织松软，无弹性，切面模糊，具有酸败或腐臭味。

病变猪肝——常见的肝部病变有肝色素沉着、肝出血、肝坏死、肝脓肿、肝脂肪变性、肝包虫病等。

食用原则——新鲜的猪肝可供正常食用及销售。变质的肝脏及有肝色素沉着、肝出血等病变者应销毁或作肥料用。如属于其他的肝脏轻度病变，应剔除病变部位后食用，重者应予废弃。

（三）猪肾的感官评价

新鲜猪肾——呈淡褐色，具有光泽和弹性，组织结实，肾脏剖面略有尿臊味。

变质猪肾——呈淡绿色或灰白色，无光泽，无弹性，组织松脆，有异臭味。

病变猪肾——肾剖面有轻度或明显的炎症及积水，多为患肾炎的病猪肾。

食用原则——新鲜猪肾可供正常食用和销售。变质腐败的肾不可食用及销售，当发现炎症或膜脂肪病变时，须经高温处理后方可供食用，肾色素沉着者应立即销毁。

（四）猪肚的感官评价

新鲜猪肚——呈乳白色或淡黄褐色，黏膜清晰，组织结实且具有较强的韧性，内外均无血块及污物。

变质猪肚——呈淡绿色，黏膜模糊，组织松弛，易破，有腐败恶臭气味。

病变猪肚——患有急性胃炎、胃水肿的病猪的胃。

食用原则——新鲜猪肚可供正常食用及销售，变质及重度病变的应销毁，轻度病变者经修割后可食用。

（五）猪肠的感官评价

新鲜猪肠——呈乳白色，质稍软，具有韧性，有黏液，不带粪便及污物。

变质猪肠——呈淡绿色或灰绿色，组织软，无韧性，易断裂，具有腐败恶臭味。

病变猪肠——指患急性或慢性肠炎的病猪的肠。

食用原则——新鲜猪肠可供正常食用及销售，变质者不可供食用和销售，轻度病变经修割后可食用，重度病变的则应作废弃处理。

（六）猪肺的感官评价

新鲜猪肺——呈粉红色，具有光泽和弹性，无寄生虫及异味。

变质猪肺——呈白色或绿褐色，无光泽，无弹性，质地松软。

病变猪肺——包括患肺充血、肺水肿、肺气肿、肺寄生虫、肺坏疽的病猪的肺，轻度的为局部性病变。

食用原则——新鲜猪肺可供正常食用及销售，变质者则不可供食用及销售，肺部有病变的，除肺坏疽应全部废弃外其他肺部轻度局部病变者，修割剔除病变部位后可供食用，如为重度病变则应全部废弃。

四、鲜牛肉、羊肉的感官评价

（一）鲜牛肉的感官评价

1. 色泽评价

优质鲜牛肉——肌肉有光泽，红色均匀，脂肪洁白或淡黄色。

次质鲜牛肉——肌肉色稍暗，刀切面尚有光泽，脂肪缺乏光泽。

2. 气味评价

优质鲜牛肉——具有牛肉的正常气味。

次质鲜牛肉——牛肉稍有氨味或酸味。

3. 黏度评价

优质鲜牛肉——外表微干或有风干的膜，不粘手。

次质鲜牛肉——外表干燥或粘手，刀切面上有湿润现象。

4. 弹性评价

优质鲜牛肉——用手指按压后的凹陷能完全恢复。

次质鲜牛肉——用手指按压后的凹陷恢复慢，且不能完全恢复到原状。

5. 煮沸后的肉汤评价

优质鲜牛肉——牛肉汤透明澄清，脂肪团聚于肉汤表面，具有牛肉特有的香味和鲜味。

次质鲜牛肉——肉汤稍有浑浊，脂肪呈小滴状浮于肉汤表面，香味差或无鲜味。

（二）注水牛肉质量的感官评价

1. 表面现象评价

注水后的肌肉很湿润，肌肉表面有水淋淋的亮光，大血管和小血管周围出现半透明状的红色胶样浸湿，肌肉间结缔组织呈半透明红色胶冻状，横切面可见到淡红色的肌肉，如果是冻结后的牛肉，切面上能见到大小不等的结晶冰粒，这些冰粒是注入的水被冻结而形成的，严重时这种冰粒会使肌肉纤维断裂，造成肌肉中的浆液（营养物质）外流。

2. 胴体触摸评价

正常的牛肉富有一定的弹性，注水后的牛肉破坏了肌纤维的强力，使之失去了弹性，所以用手指按下的凹陷很难恢复原状，手触也没有黏性。

3. 刀切横面评价

注水后的牛肉，用刀切开时，肌纤维间的水会顺刀口流出。如果是冻肉，刀切时可听到沙沙声，甚至有冰疙瘩落下。

4. 解冻评价

注水冻结后的牛肉在解冻时，盆中化冻水呈暗红色，其原因是肌纤维被冻结冰胀裂，致使大量浆液外流的缘故。

注水后的牛肉营养成分流失，不宜选购。

（三）鲜羊肉质量的感官评价

1. 色泽评价

优质鲜羊肉——肌肉有光泽，红色均匀，脂肪洁白或淡黄色，质坚硬而脆。

次质鲜羊肉——肌肉色稍暗淡，用刀切开的截面尚有光泽，脂肪缺乏光泽。

2. 气味评价

优质鲜羊肉——有明显的羊肉膻味。

次质鲜羊肉——羊肉稍有氨味或酸味。

3. 弹性评价

优质鲜羊肉——用手指按压后的凹陷能立即恢复原状。

次质鲜羊肉——用手指按压后的凹陷恢复慢，且不能完全恢复到原状。

4. 黏度评价

优质鲜羊肉——外表微干或有风干的膜，不粘手。

次质鲜羊肉——外表干燥或粘手，刀切面上有湿润现象。

5. 煮沸的肉汤评价

优质鲜羊肉——肉汤透明澄清，脂肪团聚于肉汤表面，具有羊肉特有的香味和鲜味。

次质鲜羊肉——肉汤稍有浑浊，脂肪呈小滴状浮于肉汤表面，香味差或无鲜味。

五、鲜兔肉质量的感官评价

（一）色泽评价

优质鲜兔肉——肌肉有光泽，红色均匀，脂肪洁白或呈黄色。

次质鲜兔肉——肌肉稍暗，刀切面尚有光泽，但脂肪缺乏光泽。

（二）气味评价

优质鲜兔肉——具有正常的气味。

次质鲜兔肉——稍有氨味或酸味。

（三）弹性评价

优质鲜兔肉——用手指按压后的凹陷能立即恢复原状。

次质鲜兔肉——用手指按压后的凹陷恢复慢，且不能完全恢复。

（四）黏度评价

优质鲜兔肉——外表微干或有风干的膜，不粘手。

次质鲜兔肉——外表干燥或粘手，刀切面上有湿润现象。

（五）煮沸的肉汤鉴别

优质鲜兔肉——透明澄清，脂肪团聚在肉汤表面，具有兔肉特有的香味和鲜味。

次质鲜兔肉——稍有浑浊，脂肪呈小滴状浮于表面，香味差或无鲜味。

六、鲜禽肉质量的感官评价

(一) 鲜禽肉感官评价的一般方法

1. 眼睛评价

新鲜禽肉的眼睛饱满，角膜有光泽。

变质禽肉眼球干缩、凹陷，角膜浑浊污秽。

2. 口腔评价

新鲜禽肉口腔黏膜有光泽，呈淡玫瑰红色，洁净，无异常气味。

变质禽肉口腔上有黏液，呈灰色，带有霉斑，或有腐败气味。

3. 皮肤评价

新鲜禽肉皮肤光泽自然，表面不粘手，具有正常的固有气味。

变质禽肉体表无光泽，头颈部带暗褐色，皮肤表面湿润发黏，或有霉斑，或有腐败气味。

4. 肌肉评价

新鲜禽肉结实富有弹性，鸡肉呈淡玫瑰红色，鸭、鹅肉呈红色，胸肌为白色微带红色，幼禽肌肉稍湿润，但不发黏，具有各种禽肉所固有的气味。

变质禽肉肉质松散、发黏，极湿润，呈暗红色、淡绿色或灰色，有酸腐气味或腐败气味。

5. 脂肪评价

新鲜禽肉的脂肪呈淡黄色，有光泽，无异常气味。

变质禽肉的脂肪色泽稍淡或呈淡灰色，有时发绿发黏，有涩味、腐化味。

6. 肉汤评价

新鲜禽肉烧煮的汤汁透明、芳香，表面有黄色油滴浮于表面，味道醇正鲜美，具特有香气。

变质禽肉烧煮的肉汤浑浊，有白色或黄色絮状物，表面油滴少，香味差，还有酸败脂肪的气味。

(二) 鲜光鸡质量的感官评价

1. 眼球评价

新鲜鸡肉——眼球饱满。

次鲜鸡肉——眼球皱缩凹陷，晶体稍显浑浊。

变质鸡肉——眼球干缩凹陷，晶体浑浊。

2. 色泽评价

新鲜鸡肉——皮肤有光泽，因品种不同可呈淡黄、淡红和灰白等颜色，肌肉切面具有光泽。

次鲜鸡肉——皮肤色泽转暗，但肌肉切面有光泽。

变质鸡肉——体表无光泽，头颈部常带有暗褐色。

3. 气味评价

新鲜鸡肉——具有鲜鸡肉的正常气味。

次鲜鸡肉——仅在腹腔内嗅到轻度不愉快味道，无其他异味。

变质鸡肉——体表和腹腔均有不愉快味道甚至臭味。

4. 黏度评价

新鲜鸡肉——外表微干或微湿润，不粘手。

次鲜鸡肉——外表干燥或粘手，新切面湿润。

变质鸡肉——外表干燥或粘手腻滑，新切面发黏。

5. 弹性评价

新鲜鸡肉——指压后的凹陷能立即恢复。

次鲜鸡肉——指压后的凹陷恢复较慢，且恢复不完全。

变质鸡肉——指压后的凹陷不能恢复，且留有明显的痕迹。

6. 肉汤评价

新鲜鸡肉——肉汤澄清透明，脂肪团聚于表面，具有香味。

次鲜鸡肉——肉汤稍有浑浊，脂肪呈小滴浮于表面，香味差或无褐色。

变质鸡肉——肉汤浑浊，有白色或黄色絮状物，脂肪浮于表面者很少，甚至能嗅到腥臭味。

（三）白条鸡的感官评价

1. 健康白条鸡的感官评价

（1）好白条鸡的鉴别。好白条鸡颈部应有宰杀刀口，刀口处应有血液浸润。病死的白条鸡没有宰杀刀口，如死后补刀，则刀口处无血液浸润现象。

（2）良好白条鸡的鉴别。良好白条鸡眼球饱满，有光泽，眼皮多为全开或半开。病死的白条鸡眼球干缩凹陷，无光泽，眼皮完全闭合。

（3）健康白条鸡的鉴别。健康白条鸡皮肤呈白色或微黄色，表面干燥，有光泽。病死的白条鸡由于放血不充分，皮肤充血严重，常常脱毛不净。健康白条鸡肛门处清洁，并且无坏死或病灶；病死鸡的肛门周围不洁净，并常常发绿。健康白条鸡鸡爪不弯曲，病死白条鸡的鸡爪呈团状弯曲。并查验有无动物检查部门出具的动物检疫合格证明或标有检疫合格的标志。

2. 注水白条鸡的检查方法

（1）感官法。正常白条鸡的胸肌及两股内侧部位皮肤比较松弛，可用手指拉起；注水鸡的前嗉部位特别丰满，手指难以拉起，且注水部位的指压痕不能复原。其次，也可用刀割开疑似注水的部位，若皮下出现粉红色胶冻样物，亦可确定为注水鸡。

（2）针刺法。用六号注射针头，在疑似注水的地方刺一两下，同时压迫附近皮肤，如在针孔或针眼内有液体外溢，则证明该白条鸡已注水，正常鸡肉则无此现象。

（3）组织检查法。白条鸡注水量少的，用以上方法检测较难辨别。组织切片镜下观察法则能发现注水部位的肌纤维排列不整齐、断裂，组织间隙明显增大。

（4）水煮法。取疑似注水部位的皮下脂肪3～5克，置盛有适量水的烧杯内加热至沸腾，脂肪溶解后冷却至常温，观察水面上的油滴状态。正常鸡的油滴大小均匀，注水鸡的油滴大小不等且较少。

第二节　冷冻肉感官评价

一、冻猪肉感官评价

（一）色泽评价

优质冻猪肉（解冻后）——肌肉色红，均匀，具有光泽，脂肪洁白，无霉点。

次质冻猪肉（解冻后）——肌肉红色稍暗，缺乏光泽，脂肪微黄，可有少量霉点。

变质冻猪肉（解冻后）——肌肉色泽暗红，无光泽，脂肪呈污黄色或灰绿色，有霉斑或霉点。

（二）组织状态评价

优质冻猪肉（解冻后）——肉质紧密，有坚实感。

次质冻猪肉（解冻后）——肉质软化或松弛。

变质冻猪肉（解冻后）——肉质松弛。

（三）黏度评价

优质冻猪肉（解冻后）——外表及切面微湿润，不粘手。

次质冻猪肉（解冻后）——外表湿润，微粘手；切面有渗出液，但不粘手。

变质冻猪肉（解冻后）——外表湿润，粘手；切面有渗出液，亦粘手。

（四）气味评价

优质冻猪肉（解冻后）——无臭味，无异味。

次质冻猪肉（解冻后）——稍有氨味或酸味。

变质冻猪肉（解冻后）——具有严重的氨味、酸味或臭味。

二、冻牛肉、羊肉感官评价

（一）冻牛肉的感官评价

1. 色泽评价

优质冻牛肉（解冻后）——肌肉色红均匀，有光泽，脂肪白色或微黄色。

次质冻牛肉（解冻后）——肌肉色稍暗，肉与脂肪缺乏光泽，但切面尚有光泽。

2. 气味评价

优质冻牛肉（解冻后）——具有牛肉的正常气味。

次质冻牛肉（解冻后）——稍有氨味或酸味。

3. 黏度评价

优质冻牛肉（解冻后）——肌肉外表微干或有风干的膜或外表湿润但不粘手。

次质冻牛肉（解冻后）——外表干燥或轻微粘手，切面湿润粘手。

4. 组织状态评价

优质冻牛肉（解冻后）——肌肉结构紧密，手触有坚实感，肌纤维韧性强。

次质冻牛肉（解冻后）——肌肉组织松弛，肌纤维有韧性。

5. 煮沸后的肉汤评价

优质冻牛肉（解冻后）——肉汤澄清透明，脂肪团聚于表面，具有鲜牛肉汤固有的香味和鲜味。

次质冻牛肉（解冻后）——肉汤稍有浑浊，脂肪呈小滴状浮于表面，香味和鲜味较差。

（二）冻羊肉的感官评价

1. 色泽评价

优质冻羊肉（解冻后）——肌肉颜色鲜艳，有光泽，脂肪呈白色。

次质冻羊肉（解冻后）——肉色稍暗，肉与脂肪缺乏光泽，但切面尚有光泽，脂肪稍微发黄。

变质冻羊肉（解冻后）——肉色发暗，肉与脂肪均无光泽，切面亦无光泽，脂肪微黄或淡黄色。

2. 黏度评价

优质冻羊肉（解冻后）——外表微干或有风干膜或湿润但不粘手。

变质冻羊肉（解冻后）——外表极度干燥或粘手，切面湿润发黏。

3. 组织状态评价

优质冻羊肉（解冻后）——肌肉结构紧密，有坚实感，肌纤维韧性强。

次质冻羊肉（解冻后）——肌肉组织松弛，但肌纤维尚有韧性。

变质冻羊肉（解冻后）——肌肉组织软化、松弛，肌纤维无韧性。

4. 气味评价

优质冻羊肉（解冻后）——具有羊肉正常的气味（如膻味等），无异味。

次质冻羊肉（解冻后）——稍有氨味或酸味。

变质冻羊肉（解冻后）——有氨味、酸味或腐臭味。

5. 肉汤评价

优质冻羊肉（解冻后）——澄清透明，脂肪团聚于表面，具有鲜羊肉汤固有的香味或鲜味。

次质冻羊肉（解冻后）——稍有浑浊，脂肪呈小滴浮于表面，香味、鲜味均差。

变质冻羊肉（解冻后）——浑浊，脂肪很少浮于表面，有污灰色絮状物悬浮，有异味甚至臭味。

三、冻兔肉质量的感官评价

（一）色泽评价

优质冻兔肉（解冻后）——肌肉呈均匀红色，有光泽，脂肪呈白色或淡黄色。

次质冻兔肉（解冻后）——肌肉稍暗，肉与脂肪均缺乏光泽，但切面尚有光泽。

变质冻兔肉（解冻后）——肌肉色暗，无光泽，脂肪呈黄绿色。

（二）黏度评价

优质冻兔肉（解冻后）——外表微干或有风干的膜或湿润但不粘手。

次质冻兔肉（解冻后）——外表干燥或轻度粘手，切面湿润且粘手。

变质冻兔肉（解冻后）——外表极度干燥或粘手，新切面发黏。

（三）组织状态评价

优质冻兔肉（解冻后）——肌肉结构紧密，有坚实感，肌纤维韧性强。

次质冻兔肉（解冻后）——肌肉组织松弛，但肌纤维有韧性。

冻兔肉变质（解冻后）——肌肉组织松弛，肌纤维失去韧性。

（四）气味评价

优质冻兔肉（解冻后）——具有兔肉的正常气味。

次质冻兔肉（解冻后）——稍有氨味或酸味。

变质冻兔肉（解冻后）——有腐臭味。

（五）肉汤评价

优质冻兔肉（解冻后）——澄清透明，脂肪团聚于表面，具有鲜兔肉固有的香味和鲜味。

次质冻兔肉（解冻后）——稍显浑浊，脂肪呈小滴浮于表面，香味和鲜味较差。

变质冻兔肉（解冻后）——浑浊，有白色或黄色絮状物悬浮，脂肪极少浮于表面，有臭味。

四、冷冻禽肉新鲜度的感官评价

市场上出售的冷冻禽肉中，有些在冷冻前已是病死家禽，有些则是在解冻之后由于存放条件不好引起变质腐败。识别优质冻禽肉与变质冻禽肉的方法如下。

(一) 眼睛评价

新鲜禽肉的眼球饱满，角膜有光泽。

变质禽肉眼球干缩、凹陷，角膜浑浊污秽。

(二) 口腔评价

新鲜禽肉口腔黏膜有光泽，呈淡玫瑰红色，洁净无异常气味。

变质禽肉口腔上带有黏液，呈灰色，有霉斑，或有腐败气味。

(三) 皮肤评价

新鲜禽肉皮肤光泽自然，表面不粘手，具有正常固有气味。

变质禽肉体表无光泽，头颈部常带暗褐色，皮肤表面湿润发黏，或有霉斑，有腐败气味。

(四) 肌肉评价

新鲜禽肉结实富有弹性，鸡肉呈淡玫瑰红色，鸭、鹅肉呈红色，胸肌为白色且微带红色，肌肉稍湿润，但不发黏，具有各种禽肉所固有的气味。

变质禽肉肉质松散、发黏，极湿润，呈暗红色、淡绿色或灰色，有腐败气味。

(五) 脂肪评价

新鲜禽肉脂肪呈淡黄色，有光泽，无异味。

变质脂肪色泽稍淡或呈淡灰色，有时发绿、发黏，有涩味，脂化味。

(六) 肉汤评价

新鲜禽肉烧煮的汤汁透明、芳香，有黄色油滴浮于表面，味道醇正鲜美，具特有香气。

变质禽肉汤质浑浊，有白色或黄色絮状物，表面油滴少，香味差，有的还有酸败脂肪的气味。

五、冻光鸡质量的感官评价

(一) 眼球评价

优质冻鸡肉（解冻后）——眼球饱满或平坦。

次质冻鸡肉（解冻后）——眼球皱缩凹陷，晶状体稍有浑浊。

变质冻鸡肉（解冻后）——眼球干缩凹陷，晶状体浑浊。

(二) 色泽评价

优质冻鸡肉（解冻后）——皮肤有光泽，因品种不同而呈黄色、浅黄色、淡红色、灰白色，肌肉切面有光泽。

次质冻鸡肉（解冻后）——皮肤色泽转暗，但肌肉切面有光泽。

变质冻鸡肉（解冻后）——体表无光泽，颜色暗淡，头颈部有暗褐色。

（三）黏度评价

优质冻鸡肉（解冻后）——外表微湿润，不粘手。

次质冻鸡肉（解冻后）——外表干燥或粘手，切面湿润。

变质冻鸡肉（解冻后）——外表干燥或黏腻，新切面湿润、粘手。

（四）弹性评价

优质冻鸡肉（解冻后）——指压后的凹陷可恢复。

次质冻鸡肉（解冻后）——指压后的凹陷恢复慢，肌肉发软。

变质冻鸡肉（解冻后）——肌肉软散，指压后凹陷不但不能恢复，而且容易将鸡肉戳破。

（五）气味评价

优质冻鸡肉（解冻后）——具有鸡的正常气味。

次质冻鸡肉（解冻后）——唯有腹腔内能嗅到轻度不愉快气味，无其他异味。

变质冻鸡肉（解冻后）——体表及腹腔内均有不愉快气味。

（六）肉汤评价

优质冻鸡肉（解冻后）——煮沸后的肉汤透明、澄清，脂肪团聚于表面，具备特有的香味。

次质冻鸡肉（解冻后）——煮沸后的肉汤稍有浑浊，油珠呈小滴浮于表面，香味差或无鲜味。

变质冻鸡肉（解冻后）——肉汤浑浊，有白色到黄色的絮状物悬浮，表面几乎无油滴悬浮，气味不佳。

第三节　肉制品感官评价

一、肉类制品质量感官评价原则

肉类制品包括灌肠（肚）类、酱卤肉类、烧烤肉类、肴肉、咸肉、腊肉、火腿以及板鸭、烧鸡等。

在鉴别和选购这类食品时，一般是以外观、色泽、组织状态、气味和滋味等感官指标为依据，应当留意肉类制品的色泽是否鲜明，有无加入人工合成色素；肉质的坚实程度和弹性强度；有无异臭、异物、霉斑等；是否具有该类制品所特有的正常气味和滋味。尤其要注意观察肉制品的颜色、光泽是否有变化，品尝其滋味是否鲜美，有无异臭异味等。

二、香肠的感官评价与选购

（一）香肠评价

1. 外观评价

优质香肠（香肚）——肠衣（或肚皮）干燥而完整，并紧贴肉馅，表面有光泽。

次质香肠（香肚）——肠衣（或肚皮）稍有湿润或发黏，易与肉馅分离，表面色泽稍暗，有少量霉点，但抹拭后不留痕迹。

劣质香肠（香肚）——肠衣（或肚皮）湿润、发黏，极易与肉馅分离并易撕裂，表面霉点严重，抹拭后仍有痕迹。

2. 色泽评价

优质香肠（香肚）——切面有光泽，肉馅呈红色或玫瑰色，脂肪呈白色或微带红色。

次质香肠（香肚）——部分肉馅有光泽，深层呈咖啡色，脂肪呈淡黄色。

劣质香肠（香肚）——肉馅无光泽，肌肉碎块的颜色灰暗，脂肪呈黄色或黄绿色。

3. 组织状态评价

优质香肠（香肚）——切面平整坚实，肉质紧密而富有弹性。

次质香肠（香肚）——组织稍软，切面平齐但有裂隙，外围部分有软化现象。

劣质香肠（香肚）——组织松软，切面不齐，裂隙明显，中心部分有软化现象。

4. 气味评价

优质香肠（香肚）——具有香肠（香肚）特有的风味。

次质香肠（香肚）——风味略减，脂肪有轻度酸败味或肉馅带有酸味。

劣质香肠（香肚）——有明显的脂肪酸败气味或其他异味。

（二）中国香肠制品的鉴别

中国香肠应是纯肉制成，不准添加淀粉。

优质香肠（香肚）：肠衣干燥结实，无黏液和霉变，肠衣紧贴肉馅，用刀切开后切面坚实，有光泽，呈均匀灰红或玫瑰红色，脂肪白色，具有香肠（香肚）独特香气，无霉变、酸臭味。

劣质香肠（香肚）：肠衣上覆有黏液或霉层，肠衣易与馅分开，切开肉馅呈灰色或淡绿色，肥馅呈污绿色，有苦涩、腐败气味。若具有干燥外膜、结实有弹性和均匀色泽，但缺乏应有香味，则一般为非新鲜肉所制。

三、灌肠（肚）质量的感官评价

（一）外观评价

优质灌肠（灌肚）——肠衣（或肚皮）干燥而完整，并紧贴肉馅，表面有光泽。

次质灌肠（灌肚）——肠衣（或肚皮）稍有湿润或发黏，易与肉馅分离，表面色泽稍暗，有少量霉点，但抹拭后不留痕迹。

劣质灌肠（灌肚）——肠衣（或肚皮）湿润、发黏，极易与肉馅分离并易撕裂，表面霉点严重，抹拭后仍有痕迹。

（二）色泽评价

优质灌肠（灌肚）——切面有光泽，肉馅呈红色或玫瑰色，脂肪呈白色或微带红色。

次质灌肠（灌肚）——部分肉馅有光泽，深层呈咖啡色，脂肪呈淡黄色。

劣质灌肠（灌肚）——肉馅无光泽，肌肉碎块颜色灰暗，脂肪呈黄色或黄绿色。

（三）组织状态评价

优质灌肠（灌肚）——切面平整坚实，肉质紧密而富有弹性。

次质灌肠（灌肚）——组织松软，切面平齐但有裂隙，外围部分有软化现象。

劣质灌肠（灌肚）——组织松软，切面不齐且裂隙明显，中心部分有软化现象。

（四）气味评价

优质灌肠（灌肚）——具有灌肠（灌肚）特有的风味。

次质灌肠（灌肚）——风味略减，脂肪有轻度酸败味或肉馅带有酸味。

劣质灌肠（灌肚）——有明显的脂肪酸败气味或其他异味。

四、咸肉的感官评价

咸肉是指以鲜肉为原料，用食盐腌制成的产品。

（一）外观评价

优质咸肉——外表干燥、清洁。

次质咸肉——外表稍湿润、发黏，有时带有霉点。

劣质咸肉——外表湿润、发黏，有霉点或其他变色现象。

（二）组织状态及色泽评价

优质咸肉——肉质致密而结实，切面平整，有光泽，肌肉呈红色或暗红色，脂肪切面呈白色或微红色。

次质咸肉——质地稍软，切面尚平整，光泽较差，肌肉呈咖啡色或暗红色，脂肪微带黄色。

劣质咸肉——质地松软，肌肉切面发黏，色泽不均，多呈酱色，无光泽，脂肪呈黄色或灰绿色，骨骼周围常带有灰褐色。

（三）气味评价

优质咸肉——具有咸肉固有的风味。

次质咸肉——脂肪有轻度酸败味，骨周围组织稍有酸味。

劣质咸肉——脂肪有明显哈喇味及酸败味，肌肉有腐败臭味。

五、火腿的分级及质量感官评价

（一）火腿的级别

（1）特级火腿。腿皮整齐，腿爪细，腿心肌肉丰满，腿上油头小，腿形整洁美观。

（2）一级火腿。全腿整洁美观，油头较小，无虫蛀和鼠咬伤痕。

（3）二级火腿。腿爪粗，皮稍厚，味稍咸，腿形整齐。

（4）三级火腿。腿爪粗，加工粗糙，腿形不整齐，稍有破伤、虫蛀伤痕，并有异味。

（5）四级火腿。脚粗皮厚，骨头外露，腿形不整齐，稍有伤痕、虫蛀和异味。

（二）火腿的感官评价

1. 色泽评价

优质火腿——肌肉切面为深玫瑰色、桃红色或暗红色，脂肪呈白色、淡黄色或淡红色，具有光泽。

次质火腿——肌肉切面呈暗红色或深玫瑰红色，脂肪切面呈白色或淡黄色，光泽较差。

劣质火腿——肌肉切面呈酱色，上有斑点，脂肪切面呈黄色或黄褐色，无光泽。

2. 组织状态评价

优质火腿——结实而致密，具有弹性，指压凹陷能立即恢复，基本上不留痕迹，切面平整、光洁。

次质火腿——肉质较致密，略软，尚有弹性，指压凹陷恢复较慢，切面平整，光泽较差。

劣质火腿——组织状态疏松稀软，甚至呈黏糊状，尤以骨髓及骨周围组织更加明显。

3. 气味评价

优质火腿——具有正常火腿所特有的香气。

次质火腿——稍有酱味、花椒味、火豆豉味，无明显的哈喇味，可有微弱酸味。

劣质火腿——具有腐败臭味或严重的酸败味及哈喇味。

(三) 中国火腿制品的感官评价

优质火腿——外表新鲜而清洁，皮肉干燥，皮色呈棕黄色或棕红色，略显光亮；肉质坚实而有弹性，形状完整均匀；切面脂肪薄且呈白色，瘦肉层厚且呈鲜红色，有浓郁火腿香味。

劣质火腿——外表湿润、松软，有霉烂和黏液，肉质松弛不实，脂肪呈黄色或褐色，无光泽，有明显哈喇味。

(四) 中式火腿与西式火腿的鉴别

1. 中式火腿的鉴别

中式火腿指用鲜猪肉的带骨后腿经干腌加工而成的一种生制品。这是我国历史悠久的民间传统产品，如金华火腿等。

2. 西式火腿的鉴别

西式火腿是指用剔去骨头的猪腿肉，经过腌制后，装入特制的铝质模型中压制或装入马口铁罐头中，再经加热煮熟而成为熟制品。这是西餐中的主要菜肴。其品质特点是，肉质细嫩，膘少味鲜，咸味适中，鲜香可口。

六、板鸭的感官评价

(一) 外观评价

优质板鸭——体表光洁，呈白色或乳白色。腹腔内壁干燥，有盐霜，肉切面呈玫瑰红色。

次质板鸭——体表呈淡红色或淡黄色，有少量的油脂渗出。腹腔潮湿，有霉点，肌肉切面呈暗红色。

劣质板鸭——体表发红或呈深黄色，有大量油脂渗出。腹腔潮湿发黏，有霉斑，肉切面带灰白色、淡红色或淡绿色。

(二) 组织状态评价

优质板鸭——切面致密结实，有光泽。

次质板鸭——切面疏松，无光泽。

劣质板鸭——切面松散，发黏。

（三）气味评价

优质板鸭——具有板鸭特有的风味。

次质板鸭——皮下和腹部脂肪带有哈喇味，腹腔有霉味或腥气。

劣质板鸭——有严重的哈喇味和腐败的酸气，骨髓周围更为明显。

（四）肉汤评价

优质板鸭——汤面有大片的团聚脂肪，汤极鲜美芳香。

次质板鸭——鲜味较差，有轻度的哈喇味。

劣质板鸭——有腐败的臭味和严重的哈喇味、涩味。

七、烧烤肉质量的感官评价

烧烤肉是指经过配料、腌制，最后利用烤炉的高温将肉烤熟的食品。

（一）烧烤制品

色泽评价——表面光滑，富有光泽，肌肉切面发光，呈微红色，脂肪呈浅乳白色（鸭、鹅呈淡黄色）。

组织状态评价——肌肉切面紧密，压之无血水，脂肪滑而脆。

气味评价——具有独到的烧烤风味，无异臭味。

（二）叉烧制品

色泽评价——肉切面有光泽，微呈赤红色，脂肪白而透明，有光泽。

组织状态鉴别——肌肉切面呈紧密状态，脂肪结实而脆。

气味鉴别——具有正常本品固有的风味，无异臭味。

八、广式腊味（腊肠、腊肉）质量的感官评价

腊肉是用鲜猪肉切成条状腌制以后，再经烘烤或晾晒而成的肉制品。腊肉亦是我国的传统产品。

（一）色泽评价

优质腊味——色泽鲜明，有光泽，肌肉呈鲜红色或暗红色，脂肪透明或呈乳白色。

次质腊味——色泽稍淡，肌肉呈暗红色或咖啡色，脂肪呈淡黄色，表面可有霉斑，抹拭后无痕迹。切面有光泽。

劣质腊味——肌肉灰暗无光，脂肪呈黄色，表面有霉点，抹拭后仍有痕迹。

（二）组织状态评价

优质腊味——肉质干爽，结实致密，坚韧而有弹性，指压后无明显凹痕。

次质腊味——肉质轻度变软，但尚有弹性，指压后凹痕尚易恢复。

劣质腊味——肉质松软，无弹性，指压后凹痕不易恢复。肉表面附有黏液。

（三）气味评价

优质腊味——具有广式腊味固有的正常风味。

次质腊味——风格略减，伴有轻度脂肪酸败味。

劣质腊味——有明显脂肪酸败味或其他异味。

第四节　水产品及水产制品的感官评价

一、水产品及水产制品的感官评价要点

感官评价水产品及其制品的质量优劣时，主要是通过体表形态、鲜活程度、色泽、气味、肉质弹性和洁净程度等感官指标来进行综合评价的。对于水产品来讲，首先是观察其鲜活程度如何，是否具备一定的生命活力；其次是看外观形体的完整性，注意有无伤痕、鳞爪脱落、骨肉分离等现象；再次是观察其体表卫生洁净程度，即有无污秽物和杂质等；然后才是看其色泽，嗅其气味，有必要的话还要品尝其滋味。最后再进行感官评价。对于水产制品而言，感官评价的内容主要是外观、色泽、气味和滋味。其是否具有该类制品特有的正常气味与风味，对于做出正确判断有着重要意义。

二、鲜鱼质量的感官评价

在进行鱼的感官评价时，先观察其眼睛和鳃，然后检查其全身和鳞片，并同时用一块洁净的吸水纸慢吸鳞片上的黏液以观察和嗅闻，鉴别黏液的质量。必要时用竹签刺入鱼肉中，拔出后立即嗅其气味，或者切割小块鱼肉，煮沸后测定鱼汤的气味与滋味。

（一）眼球评价

新鲜鱼——眼球饱满凸出，角膜透明清亮，有弹性。

次鲜鱼——眼球不凸出，眼角膜起皱，稍变浑浊，有时眼内溢血发红。

腐败鱼——眼球塌陷或干瘪，角膜皱缩或破裂。

（二）鱼鳃评价

新鲜鱼——鳃丝清晰呈鲜红色，黏液透明，具有海水鱼的咸腥味或淡水鱼的土腥味，无异臭味。

次鲜鱼——鳃色变暗，呈灰红色或灰紫色，黏液轻度腥臭，气味不佳。

腐败鱼——鳃呈褐色或灰白色，有污秽的黏液，带有不愉快的腐臭气味。

（三）体表评价

新鲜鱼——有透明的黏液，鳞片有光泽且与鱼体贴附紧密，不易脱落（鲳鱼、大黄鱼、小黄鱼除外）。

次鲜鱼——黏液多不透明，鳞片光泽度差且较易脱落，黏液黏腻而浑浊。

腐败鱼——体表暗淡无光，表面附有污秽黏液，鳞片与鱼皮脱离殆尽，具有腐臭味。

（四）肌肉评价

新鲜鱼——肌肉坚实有弹性，指压后凹陷立即消失，无异味，肌肉切面有光泽。

次鲜鱼——肌肉稍松散，指压后凹陷消失得较慢，稍有腥臭味，肌肉切面有光泽。

腐败鱼——肌肉松散，易与鱼骨分离，指压时形成的凹陷不能恢复，用手指可将鱼肉刺穿。

（五）腹部外观评价

新鲜鱼——腹部正常、不膨胀，肛门白色、凹陷。

次鲜鱼——腹部膨胀不明显，肛门稍凸出。

腐败鱼——腹部膨胀、变软或破裂，表面呈暗灰色或有淡绿色斑点，肛门凸出或破裂。

三、冻鱼质量的感官评价

鲜鱼经－23℃低温冻结后，鱼体发硬，其质量优劣不如鲜鱼那么容易鉴别。冻鱼的鉴别应注意以下几个方面。

（一）体表评价

质量好的冻鱼，色泽光亮，同鲜鱼般鲜艳，体表清洁，肛门紧缩。质量差的冻鱼，体表暗，无光泽，肛门凸出。

（二）鱼眼评价

质量好的冻鱼，眼球饱满凸出，角膜透明，洁净无污物。质量差的冻鱼，眼球平坦或稍陷，角膜浑浊发白。

（三）组织评价

质量好的冻鱼，体形完整无缺，用刀切开检查，肉质结实不寓刺，脊骨处无红线，胆囊完整不破裂。质量差的冻鱼，体形不完整，用刀切开后，肉质松散，有寓刺现象，胆囊破裂。

四、咸鱼质量的感官评价

（一）色泽评价

优质咸鱼——色泽新鲜，具有光泽。

次质咸鱼——色泽不鲜明或暗谈。

劣质咸鱼——体表发黄或变红。

（二）体表评价

优质咸鱼——体表完整，无破肚及骨肉分离现象，体形平展，无残鳞，无污物。

次质咸鱼——鱼体基本完整，但可有少部分变成红色或轻度变质，有少量残鳞或污物。

劣质咸鱼——体表不完整，骨肉分离，残鳞及污物较多，有霉变现象。

（三）肌肉评价

优质咸鱼——肉质致密结实，有弹性。

次质咸鱼——肉质稍软，弹性差。

劣质咸鱼——肉质疏松易散。

（四）气味评价

优质咸鱼——具有咸鱼所特有的风味，咸度适中。

次质咸鱼——可有轻度腥臭味。

劣质咸鱼——具有明显的腐败臭味。

五、干鱼质量的感官评价

（一）色泽评价

优质干鱼——外表洁净有光泽，表面无盐霜，鱼体呈白色。

次质干鱼——外表光泽度差，色泽稍暗。

劣质干鱼——体表暗淡色污，无光泽，发红或呈灰白色、黄褐色、浑黄色。

（二）气味评价

优质干鱼——具有干鱼的正常风味。

次质干鱼——可有轻微的异味。

劣质干鱼——有酸味、脂肪酸败或腐败臭味。

（三）组织状态评价

优质干鱼——鱼体完整，干度足，肉质韧性好，切割刀口处平滑，无裂纹、破碎和残缺现象。

次质干鱼——鱼体外观基本完善，但肉质韧性较差。

劣质干鱼——肉质疏松，有裂纹、破碎或残缺，水分含量高。

六、黄鱼质量的感官评价

黄鱼的质量优劣，一般从鱼的体表、鱼眼、鱼鳃、肌肉、黏液腔等方面鉴别。

（一）体表评价

新鲜质好的黄鱼——体表呈金黄色，有光泽，鳞片完整，不易脱落。

新鲜质次的黄鱼——体表呈淡黄色或白色，光泽较差，鳞片不完整，容易脱落。

（二）鱼鳃评价

新鲜质好的大黄鱼——鳃色鲜红或紫红，小黄鱼多为暗红或紫红，无异臭或鱼腥臭，鳃丝清晰。

新鲜质次的黄鱼——鳃色暗红、暗紫或棕黄、灰红，有腥臭，但无腐败臭，鳃丝粘连。

（三）鱼眼评价

新鲜质好的黄鱼——眼球饱满凸出，角膜透明。

新鲜质次的黄鱼——眼球平坦或稍陷，角膜稍浑浊。

（四）肌肉评价

新鲜质好的黄鱼——肉质坚实，富有弹性。

新鲜质次的黄鱼——肌肉松弛，弹性差。如果肚软或破肚，则为变质的黄鱼。

（五）液腔评价

新鲜质好的黄鱼——黏液腔呈鲜红色。

新鲜质次的黄鱼——黏液腔呈淡红色。

七、带鱼质量的感官评价

带鱼的质量优劣可以从以下几个方面进行评价。

（一）体表评价

质量好的带鱼——体表富有光泽，全身鳞全，鳞不易脱落，翅全，无破肚和断头现象。

质量差的带鱼——体表光泽较差，鳞容易脱落，全身仅有少数银磷，鱼身变为香灰色，有破肚和断头现象。

（二）鱼眼评价

质量好的带鱼——眼球饱满，角膜透明。

质量差的带鱼——眼球稍凹陷收缩，角膜稍浑浊。

（三）肌肉评价

质量好的带鱼——肌肉厚实，富有弹性。

质量差的带鱼——肌肉松软，弹性差。

（四）质量评价

质量好的带鱼——每条重量在 0.5kg 以上。

质量差的带鱼——每条重量约 0.25kg。

复 习 题

1. 简述鲜肉感官评价和食用原则。

2. 简述鲜猪肉、冻猪肉的感官评价方法。

3. 简述鲜牛肉、鲜羊肉及冻牛肉、冻羊肉等从哪几方面进行感官评价？

4. 简述鲜禽肉、冻禽肉的感官评价。

5. 简述肉类制品质量感官评价的原则。

6. 如何鉴别与选购香肠？

7. 简述水产品及水产制品的感官评价要点。

第六章　蛋与蛋制品的感官评价

第一节　鲜蛋的感官评价

一、鲜蛋感官评价的一般原则

1. 鲜蛋感官评价的一般原则

鲜蛋的感官评价分为蛋壳鉴别和打开鉴别。蛋壳鉴别包括眼看、手摸、耳听、鼻嗅等方法，也可借助于灯光透视进行鉴别。打开鉴别是指将鲜蛋打开，观察其内容物的颜色、稠度、性状、有无血液、胚胎是否发育、有无异味和臭味等。

2. 鲜蛋感官评价后的一般处理原则

由于蛋类的营养价值高，适宜微生物的生长繁殖，尤其是沙门菌等肠道致病菌，因此，对于蛋及蛋制品的质量要求较高。该类食品一经感官评价评定品级之后，即可按如下原则进行食用或处理。

（1）优质的蛋及蛋制品可以不受限制，直接销售，供人食用。

（2）一类次质鲜蛋准许销售，但应根据季节变化限期售完。二类次质鲜蛋以及次质蛋制品不得直接销售，可用作食品加工原料或充分蒸煮后食用。

（3）劣质蛋及蛋制品均不得供食用，应予以废弃或作为非食品工业原料、肥料等。

二、鸡、鸭等鲜禽蛋的感官评价

1. 蛋壳的感官评价

（1）眼看。即用眼睛观察蛋的外观形状、色泽、清洁程度等。

优质鲜蛋——蛋壳清洁、完整、无光泽，壳上有一层白霜，色泽鲜明。

次质鲜蛋——一类次质鲜蛋：蛋壳有裂纹、格窝现象，蛋壳破损、蛋清外溢或壳外有轻度霉斑等。二类次质鲜蛋：蛋壳发暗，壳表破碎且破口较大，蛋清大部分流出。

劣质鲜蛋——蛋壳表面的粉霜脱落，壳色油亮，呈乌灰色或暗黑色，有油样浸出，有较多或较大的霉斑。

（2）手摸。即用手摸素蛋的表面是否粗糙，掂量蛋的轻重，把蛋放在手掌心上翻转等。

优质鲜蛋——蛋壳粗糙，重量适当。

次质鲜蛋——一类次质鲜蛋：蛋壳有裂纹、格窝或破损，手摸有光滑感。二类次质鲜蛋：蛋壳破碎，蛋白流出，手掂重量轻，在手掌上自转时总是一面向下（贴壳蛋）。

劣质鲜蛋——手摸有光滑感，掂量时过轻或过重。

（3）耳听。就是把蛋拿在手上，轻轻抖动使蛋与蛋相互碰击，细听其声，或是手握蛋摇动，听其声音。

优质鲜蛋——蛋与蛋相互碰击声音清脆，手握蛋摇动无声。

次质鲜蛋——蛋与蛋碰击发出哑声（裂纹蛋），手摇动时内容物有流动感。

劣质鲜蛋——蛋与蛋相互碰击发出嘎嘎声（孵化蛋）、空空声（水花蛋）。手握蛋摇动时内容物有晃动声。

（4）鼻嗅。用嘴向蛋壳上轻轻哈一口热气，然后用鼻子嗅其气味。

优质鲜蛋——有轻微的生石灰味。

次质鲜蛋——有轻微的生石灰味或轻度霉味。

劣质鲜蛋——有霉味、酸味、臭味等不良气味。

2. 鲜蛋的灯光透视评价

灯光透视是指在暗室中用手握住蛋体紧贴在照蛋器的光线洞口上，前后上下左右来回轻轻转动，依靠光线的帮助观察蛋壳有无裂纹、气室大小、蛋黄移动的影子、内容物的澄明度、蛋内异物，以及蛋壳内表面的霉斑、胚的发育等情况。在市场上无暗室和照蛋设备时，可用手电筒围上暗色纸筒（照蛋端直径稍小于蛋）进行鉴别。如有阳光也可以用纸筒对着阳光直接观察。

优质鲜蛋——气室直径小于11mm，整个蛋呈微红色，蛋黄略见阴影或无阴影且位于中央、不移动，蛋壳无裂纹。

次质鲜蛋——一类次质鲜蛋：蛋壳有裂纹，蛋黄部呈现鲜红色小血圈。二类次质鲜蛋：透视时可见蛋黄上呈现血环，环中及边缘呈现少许血丝，蛋黄透光度增强而蛋黄周围有阴影，气室大于11mm，蛋壳某一部位呈绿色或黑色；蛋黄部完整，散如云状，蛋壳膜内壁有霉点，蛋内有活动的阴影。

劣质鲜蛋——透视时黄、白混杂不清，呈均匀灰黄色，蛋全部或大部不透光，呈灰黑色，蛋壳及内部均有黑色或粉红色斑点，蛋壳某一部分呈黑色且占蛋黄面积的1/2以上，有圆形黑影（胚胎）。

3. 鲜蛋打开评价

将鲜蛋打开，将其内容物置于玻璃平皿或瓷碟上，观察蛋黄与蛋清的颜色、稠度、性状，有无血液、胚胎是否发育、有无异味等。

（1）颜色评价

优质鲜蛋——蛋黄、蛋清色泽分明，无异常颜色。

次质鲜蛋——一类次质鲜蛋：颜色正常，蛋黄有圆形或网状血红色，蛋清颜色发绿，其他部分正常。二类次质鲜蛋：蛋黄颜色变浅，色泽分布不均匀，有较大的环状或网状血红色，蛋壳内壁有黄中带黑的黏痕或霉点，蛋清与蛋黄混杂。

劣质鲜蛋——蛋内液态流体呈灰黄色、灰绿色或暗黄色，内杂有黑色霉斑。

（2）性状评价

优质鲜蛋——蛋黄呈圆形凸起而完整，并带有韧性，蛋清浓厚、稀稠分明，系带粗白而有韧性，并紧贴蛋黄的两端。

次质鲜蛋——一类次质鲜蛋：性状正常或蛋黄呈红色的小血圈或网状直丝。二类次质鲜蛋：蛋黄扩大、扁平，蛋黄膜增厚发白，蛋黄中呈现大血环，环中或周围可见少许血丝，蛋清变得稀薄，蛋壳内壁有蛋黄的粘连痕迹，蛋清与蛋黄相混杂（蛋无异味），蛋内有小的虫体。

劣质鲜蛋——蛋清和蛋黄全部变得稀薄浑浊，蛋膜和蛋液中都有霉斑或蛋清呈胶冻样霉变，胚胎形成且有所长大。

（3）气味评价

优质鲜蛋——具有鲜蛋的正常气味，无异味。

次质鲜蛋——具有鲜蛋的正常气味，无异味。

劣质鲜蛋——有臭味、霉变味或其他不良气味。

4. 蛋新鲜度的快速检验法

新鲜蛋的密度在 $1.08 \sim 1.09\text{g/cm}^3$，陈旧蛋的密度降低，通过测定蛋的密度即可推断其新鲜度。测定密度通常用以下两种方法。

（1）将蛋放入 11％盐水中，能浮起来的为新鲜蛋；沉入 10％盐水的为稍新鲜蛋；浮于 10％盐水但沉于 8％盐水的为倾向腐败蛋；浮于 8％盐水的为腐败蛋。

（2）取 1000ml 水加入 60g 食盐，制成相对密度为 1.027 的盐水，倒入平底玻璃缸内。把蛋放入盐水中进行观察：刚生产的鲜蛋横沉于缸底；生产后 1 周的鲜蛋沉于缸底时钝端稍朝上翘；次鲜蛋（普通蛋）沉于缸底、直立，钝端朝上；陈旧蛋浮于水中间，钝端朝上；腐败蛋则钝端朝上浮于水面。

5. 蛋类食品质量感官指标标准

鲜鸡蛋依据标准：GB 2748—81《鲜鸡蛋卫生标准》

感官指标如下。

（1）鲜鸡蛋。蛋壳清洁完整，灯光透视时整个蛋呈微红色，蛋黄不见或略见阴影。打开后蛋黄凸起、完整并带有韧性，蛋白澄清透明、稀稠分明。

（2）冷藏鲜鸡蛋。经冷藏其品质应符合鲜鸡蛋标准。

（3）化学储藏蛋。经化学方法（石灰水、泡花碱等）储藏，其品质仍应符合鲜鸡蛋标准。

第二节　蛋制品的感官评价

一、禽蛋制品感官评价原则

蛋制品的感官评价指标主要有色泽、外观形态、气味和滋味等，同时应注意杂质、异味、霉变、生虫和包装等情况，以及是否具有蛋品本身固有的气味或滋味。

二、皮蛋（松花蛋）的感官评价

1. 外观评价

皮蛋的外观鉴别主要是观察其外观是否完整，有无破损、霉斑等。也可用手掂动以感觉其弹性，或握蛋摇晃听其声音。

优质皮蛋——外表泥状包料完整、无霉斑，包料去掉后蛋壳亦完整无损，去掉包料后用手抛起约 30cm 高自然落于手中有弹性感，摇晃时无动荡声。

次质皮蛋——外观无明显变化或裂纹，抛动实验弹动感差。

劣质皮蛋——包料破损不全或发霉，剥去包料后蛋壳有斑点或破、漏现象，有的内容物已被污染，摇晃后有水荡声。

2. 灯光透照评价

皮蛋的灯光透照鉴别是指将皮蛋去掉包料后按照鲜蛋的灯光透照法进行鉴别，观察蛋内颜色、凝固状态、气室大小等。

优质皮蛋——呈玳瑁色，蛋内容物凝固不动。

次质皮蛋——蛋内容物凝固不动，或部分蛋清呈水样，或气室较大。

劣质皮蛋——蛋内容物不凝固，呈水样，气室很大。

3. 打开评价

皮蛋的打开鉴别是指将皮蛋剥去包料和蛋壳以观察内容物性状及品尝其滋味。

（1）组织状态评价

优质皮蛋——整个蛋凝固、不粘壳、清洁而有弹性，呈半透明的棕黄色，有松花样纹理；将蛋纵剖可见蛋黄呈浅褐色或浅黄色，中心较稀。

次质皮蛋——内容物或凝固不完全，或少量液化贴壳，或僵硬收缩，蛋清色泽暗淡，蛋黄呈墨绿色。

劣质皮蛋——蛋清黏滑，蛋黄呈灰色糊状，严重者大部或全部液化成黑色。

（2）气味与滋味评价

优质皮蛋——芳香，无辛辣气味。

次质皮蛋——有辛辣气味或橡皮样味道。

劣质皮蛋——有刺鼻恶臭味或有霉味。

三、咸蛋质量的感官评价

1. 外观评价

优质咸蛋——包料完整无损，剥掉包料后或直接用盐水腌制可见蛋壳亦完整无损，无裂纹或霉斑，摇动时有轻度水荡漾感觉。

次质咸蛋——外观无显著变化或有轻微裂纹。

劣质咸蛋——隐约可见内容物呈黑色水样，蛋壳破损或有霉斑。

2. 灯光透视评价

咸蛋灯光透视鉴别方法同皮蛋。主要观察内容物的颜色、组织状态等。

优质咸蛋——蛋黄凝结呈橙黄色且靠近蛋壳，蛋清呈白色水样透明。

次质咸蛋——蛋清尚清晰透明，蛋黄凝结呈现黑色。

劣质咸蛋——蛋清浑浊，蛋黄变黑，转动蛋黄黏滞，蛋质量更低劣者，蛋清蛋黄都发黑或全部溶解成水样。

3. 打开评价

优质咸蛋——生蛋打开可见蛋清稀薄透明，蛋黄呈红色或淡红色，浓缩黏度增强，但不硬固。煮熟后打开，可见蛋清白嫩，蛋黄口味有细沙感，富于油脂，品尝则有咸蛋固有的香味。

次质咸蛋——生蛋打开后蛋清清晰或为白色水样，蛋黄发黑黏固，略有异味。煮熟后打开蛋清略带灰色，蛋黄变黑，有轻度的异味。

劣质咸蛋——生蛋打开蛋清浑浊，蛋黄已大部分融化，蛋清、蛋黄全部呈黑色，有恶臭味。煮熟后打开，蛋清灰暗或呈黄色，蛋黄变黑或散成糊状，严重者全部呈黑色，有臭味。

四、糟蛋质量的感官评价

糟蛋是指将鸭蛋放入优良糯米酒糟中，经 2 个月浸渍而制成的食品。其感官鉴别主要是观察蛋壳脱落情况及蛋清、蛋黄颜色和凝固状态，以及其气味和滋味。

优质糟蛋——蛋壳完全脱落或部分脱落，薄膜完整，蛋大而丰满，蛋清呈乳白色的胶冻状，蛋黄呈橘红色半凝固状，香味浓厚，稍带甜味。

次质糟蛋——蛋壳不能完全脱落，蛋内容物凝固不良，蛋清为液体状态，香味不浓或有轻微异味。

劣质糟蛋——薄膜有裂缝或破损，膜外表有霉斑，蛋清呈灰色，蛋黄颜色发暗，蛋内容物呈稀薄流体状态或糊状，有酸臭味或霉变气味。

五、其他蛋制品质量的感官评价

1. 冰蛋的感官评价

冰蛋系蛋液经过滤、灭菌、装盘、速冻等工序制成的冷冻块状食品。冰蛋有冰全蛋、冰蛋白、冰蛋黄等。

冰蛋的感官鉴别主要是观察其冻结度和色泽，并在加温溶化后嗅其气味。

（1）冻结度及外观评价

优质冰蛋——冰蛋块坚结，呈均匀的淡黄色，中心温度低于－15℃，无异物、杂质。

次质冰蛋——颜色正常，有少量杂质。

劣质冰蛋——有霉变、生虫或有严重污染。

（2）气味评价

优质冰蛋——具有鸡蛋的纯正气味，无异味。

次质冰蛋——有轻度的异味，但无臭味。

劣质冰蛋——有浓重的异味或臭味。

2. 蛋粉的感官评价

（1）色泽评价

优质蛋粉——色泽均匀，呈黄色或淡黄色。

次质蛋粉——色泽无改变或稍有加深。

劣质蛋粉——色泽不均匀，呈涤黄色到黄棕色不等。

（2）组织状态评价

优质蛋粉——呈粉末状或极易散开的块状，无杂质。

次质蛋粉——蛋粉稍有焦粒、熟粒，或有少量结块。

劣质蛋粉——蛋粉板结成硬块，霉变或生虫。

（3）气味评价

优质蛋粉——具有蛋粉的正常气味，无异味。

次质蛋粉——稍有异味，无臭味和霉味。

劣质蛋粉——有异味、霉味等不良气味。

3. 蛋白干的感官评价

（1）色泽评价

优质蛋白干——色泽均匀，呈淡黄色。

次质蛋白干——色泽暗淡。

劣质蛋白干——色泽不均匀，呈灰暗色。

（2）组织状态评价

优质蛋白干——呈透明的晶片状，稍有碎屑，无杂质。

次质蛋白干——碎屑比例超过 20%。

劣质蛋白干——呈不透明的片状、块状或碎屑状，有霉斑或霉变现象。

（3）气味评价

优质蛋白干——具有醇正的鸡蛋清味，无异味。

次质蛋白干——稍有异味，但无臭味、霉味。

劣质蛋白干——有霉变味或腐臭味。

复 习 题

1. 蛋的新鲜度的感官评价方法是什么？
2. 蛋的新鲜度的感官评价项目包括哪些内容？
3. 常见的变质蛋有哪些？
4. 优质皮蛋的感官质量指标有哪些？
5. 咸蛋的感官评价方法是什么？

第七章　乳与乳制品感官评价

第一节　液态乳感官评价

一、乳及乳制品质量感官评价的原则

对乳及乳制品进行感官评价，主要是观其色泽和组织状态、嗅其气味和尝其滋味，应做到三者并重，缺一不可。

对于乳而言，应注意其色泽是否正常、质地是否均匀细腻、滋味是否醇正以及乳香味如何。同时应留意杂质、沉淀、异味等情况，以便作出综合性的评价。

对于乳制品而言，除注意上述鉴别内容而外，有针对性地观察了解诸如酸乳有无乳清分离、奶粉有无结块、奶酪切面有无水珠和霉斑等情况，对于感官评价也有重要意义。必要时可以将乳制品冲调后进行感官评价。

二、鲜乳的感官评价

1. 色泽评价

优质鲜乳为乳白色或稍带微黄色。次质鲜乳色泽较优质鲜乳差，白色中稍带青色。劣质鲜乳呈浅粉色或显著的黄绿色，或色泽灰暗。

2. 组织状态评价

优质鲜乳呈均匀的流体，无沉淀、凝块和机械杂质，无黏稠和浓厚现象。次质鲜乳呈均匀的流体，无凝块，但可见少量微小的颗粒，脂肪聚黏表层呈液化状态。劣质鲜乳呈稠而不匀的溶液状，有乳凝结成的致密凝块或絮状物。

3. 气味评价

优质鲜乳具有乳特有的乳香味，无其他任何异味。次质鲜乳则具有乳中固有的香味但稍淡或有异味。劣质鲜乳有明显的异味，如酸臭味、牛粪味、金属味、鱼腥味、汽油味等。

4. 滋味评价

优质鲜乳具有鲜乳独具的纯香味，滋味可口而稍甜，无其他任何异常滋味。次质鲜乳有微酸味（表明乳已开始酸败），或有其他轻微的异味。劣质鲜乳有酸味、

咸味、苦味等异味。

5. 感官评价方法

取适量试样于 50ml 烧杯中，在自然光下观察其色泽和组织状态，闻其气味，然后用温开水漱口，再品尝样品的滋味。

三、酸牛奶的感官评价

酸牛奶指是以牛乳为原料，添加适量的砂糖，经巴氏杀菌和冷冻后加入纯乳酸菌发酵剂，经保温发酵而制成的产品。

1. 色泽评价

优质酸牛奶的色泽均匀一致，呈乳白色或稍带微黄色。次质酸牛奶则色泽不匀，呈微黄色或浅灰色。劣质酸牛奶色泽灰暗或出现其他异常颜色。

2. 组织状态评价

优质酸牛奶的凝乳均匀细腻，无气泡，允许有少量黄色脂膜和少量乳清。次质酸牛奶的凝乳不均匀也不结实，有乳清析出。劣质酸牛奶则凝乳不良，有气泡，乳清析出严重或乳清分离，瓶口及酸奶表面均有霉斑。

3. 气味评价

优质酸牛奶有清香、醇正的酸奶味。次质酸牛奶的香气平淡或有轻微异味。劣质酸牛奶有腐败味、霉变味、酒精发酵味及其他不良气味。

4. 滋味评价

优质酸牛奶有醇正的酸牛奶味，酸甜适口。次质酸牛奶的酸味过度或有其他不良滋味。劣质酸牛奶有苦味、涩味或其他不良滋味。

5. 感官评价方法及标准

取适量试样于 50ml 烧杯中，在自然光下观察其色泽和组织状态，并闻其气味，然后用温开水漱口，再品尝样品的滋味。

感官评价标准按百分制评定，总分 100 分，其中滋味和气味 40 分、组织状态 50 分、色泽 10 分。具体评分细则见表 7-1。

表 7-1 酸牛奶感官指标评分标准

项 目	特 征		扣分
	酸牛奶、原味酸牛奶、果料酸牛奶		
	凝 固 型	搅 拌 型	
组织状态 (50分)	组织细腻，均匀，表面光滑，无裂纹，无气泡，无乳清析出	组织细腻，凝块细小均匀滑爽，无气泡，无乳清析出	0～10
	组织细腻，均匀，表面光滑，无气泡，有少量乳清析出	组织细腻，凝块大小不均，无气泡，有少量乳清析出	10～20
	组织粗糙，有裂纹，有少量乳清析出	组织粗糙，不均匀，无气泡，有少量乳清析出	20～30

项 目	特 征		扣分
	酸牛奶、原味酸牛奶、果料酸牛奶		
	凝 固 型	搅 拌 型	
组织状态 (50分)	组织粗糙,有裂纹,有气泡,有乳清析出	组织粗糙,不均匀,有气泡,有乳清析出	30～40
	组织粗糙,有裂纹,有大量气泡,乳清析出严重,有颗粒	组织粗糙,不均匀,有大量气泡,乳清析出严重,有颗粒	40～50
滋味和气味 (40分)	具有酸牛乳固有的滋味和气味或相应的果料味,酸味和甜味比例适当		0～5
	过酸或过甜		5～20
	有涩味		20～30
	有苦味		30～35
	异常滋味或气味		35～40
色泽(10分)	呈均匀乳白色、微黄色或果料固有的颜色		0～2
	淡黄色		2～4
	浅灰色或灰白色		4～6
	绿色、黑色斑点或有霉菌生长,颜色异常		6～10

第二节 炼乳及冷饮的感官评价

一、炼乳的感官评价

炼乳一般分为甜炼乳和淡炼乳两种。以牛乳为原料,经杀菌、添加砂糖、浓缩制成的产品称为甜炼乳。以牛乳为原料,经预热、浓缩、均质、装罐、灭菌而制得的产品称为淡炼乳。

1. 色泽评价

优质炼乳呈均匀一致的乳白色或稍带微黄色,有光泽。次质炼乳的色泽有轻度变化,呈米色或淡肉桂色。劣质炼乳则色泽有明显变化,呈肉桂色或淡褐色。

2. 组织状态评价

优质炼乳的组织细腻,质地均匀,黏度适中,无脂肪上浮,无乳糖沉淀,无杂质。次质炼乳则黏度过高,稍有一些脂肪上浮,有沙粒状沉淀物。劣质炼乳可凝结成软膏状,冲调后脂肪分离较明显,有结块和机械杂质。

3. 气味评价

优质炼乳具有明显的牛乳乳香味,无任何异味。次质炼乳的乳香味淡或稍有异味。劣质炼乳有酸臭味及较浓重的其他异味。

4. 滋味评价

优质炼乳中淡炼乳具有明显的牛乳滋味,甜炼乳具有醇正的甜味,均无任何异味。次质炼乳的滋味平淡或稍差,有轻度异味。劣质炼乳有不醇正的滋味和较重的异味。

5. 感官评价方法及标准

取定量包装试样,开启罐盖(或瓶盖),闻气味。然后将试样缓慢倒入烧杯中,在自然光下观察其色泽和组织状态。待样品倒净后,将罐(瓶)口朝上,倾斜45°放置,观察罐(瓶)底部有无沉淀。再用温开水漱口,品尝样品的滋味。

感官评价标准按百分制评定,总分100分,其中滋味和气味60分、组织状态35分、色泽5分;特级甜炼乳和淡炼乳产品要求总评分≥90分(滋味和气味得分≥56分),一级甜炼乳和淡炼乳产品要求总评分≥80分(滋味和气味得分≥48分),二级甜炼乳产品要求总评分≥75分(滋味和气味得分≥45分)。具体评分细则见表7-2和表7-3。

表 7-2　甜炼乳感官指标评分标准

项　目	特　征	扣　分
滋味与气味(60分)	甜味醇正,具有明显消毒牛乳的滋味和气味,无任何杂味	0
	滋味稍差,但无杂味	1~4
	滋味平淡,无乳味	5~7
	有不醇的滋味和气味	8~15
	有较重的杂味	15~25
组织状态(35分)	组织细腻,质地均匀,黏度正常①,无脂肪上浮,无乳糖沉淀,但冲调后允许有微量钙盐沉淀	0
	黏性较重,冲调有少量钙盐沉淀	1~2
	脂肪轻度上浮,粘盖轻(厚度小于或等于1mm),舌尖微感粉状	3~5
	舌感砂状,脂肪上浮较明显,粘盖轻(厚度小于或等于2.5mm),冲调后钙盐沉淀多	6~10
	黏度变化大,变厚或呈软膏状,冲调后脂肪游离较明显	10~25
色泽(5分)	呈乳白(黄)色,颜色均匀,有光泽	0
	色泽有轻度变化	1~2
	色泽有明显变化(呈肉桂色或淡褐色)	3~5

注:指产品在24℃往外倾斜时,能在先前倾倒出的炼乳表面起堆,但所起之堆能较快消失。

表7-3 淡炼乳感官指标评分标准

项　目	特　征	扣　分
滋味与气味（60分）	具有明显的高温灭菌乳的滋味和气味，无任何杂味	0
	滋味平淡，但无杂味	2～5
	有不醇的滋味和气味	6～10
	有饲料余味、金属味、烧焦味、畜舍味	11～18
组织状态（35分）	组织细腻，质地均匀，黏度适中，无脂肪游离，无沉淀，无凝块，无外来机械杂质	0
	黏度稍大或过稀	1～5
	有少量沙状及粒状沉淀物	5～7
	有少量脂肪上浮	8～15
	有凝块和机械杂质	15～20
色泽（5分）	呈乳白（黄）色，颜色均匀，有光泽	0
	色泽有轻度变化	1～2
	呈白色或黄褐色	3～5

二、奶油质量的感官评价

奶油一般分为稀奶油和奶油。由含脂牛乳分离出来的含脂肪部分经巴氏杀菌而制成的产品称为稀奶油。由牛乳分离出来的稀奶油经杀菌、成熟、搅拌、压炼而成的脂肪制品称为奶油。

1. 色泽评价

优质奶油呈均匀一致的淡黄色，有光泽。次质奶油的色泽较差且不均匀，呈白色或着色过度，无光泽。劣质奶油则色泽不匀，表面有霉斑，深部甚至发生霉变，外表面浸水。

2. 组织状态评价

优质奶油的组织均匀紧密，稠度、弹性和延展性适宜，切面无水珠，边缘与中心部位均匀一致。次质奶油则组织状态不均匀，有少量乳隙，切面有水珠渗出，水珠白浊而略黏，有食盐结晶（加盐奶油）。劣质奶油组织不均匀，黏软、发腻、粘刀或脆硬疏松且无延展性，切面有大水珠，呈白浊色，有较大的孔隙及风干现象。

3. 气味评价

优质奶油具有奶油固有的醇正香味，无其他异味。次质奶油的香气平淡，无味或微有异味。劣质奶油有明显的异味，如鱼腥味、酸败味、霉变味等。

4. 滋味评价

优质奶油具有奶油独具的醇正滋味，无任何其他异味，加盐奶油有咸味，酸奶油有醇正的乳酸味。次质奶油的奶油滋味不醇正或平淡，有轻微的异味。劣质奶油有明显的不愉快味道，如苦味、肥皂味、金属味等。

5. 外包装评价

优质奶油的包装完整、清洁、美观。次质奶油外包装可见油污渍，内包装纸有油渗出。劣质奶油外包装不整齐、不完整或有破损。

6. 感官评价方法及标准

打开试样外包装，用小刀切取部分样品，置于白色瓷盘中，在自然光下观察色泽和组织状态。再取适量试样，先闻气味，然后用温开水漱口，品尝样品的滋味。

感官评价标准按百分制评定，总分 100 分，其中滋味和气味 65 分、组织状态 20～25 分、色泽 5 分、加盐 0～5 分、塑型与包装 5 分；特级产品要求总评分≥88 分（滋味和气味得分≥60 分），一级产品要求总评分≥80 分（滋味和气味得分≥50 分），二级产品要求总评分≥75 分（滋味和气味得分≥45 分）。具体评分细则见表 7-4。

表 7-4　奶油感官指标评分标准

项　目	特　征	扣　分		
		不加盐奶油	加盐奶油	重制奶油
滋味和气味(65 分)	具有奶油的醇香味,无其他异味	0	0	0
	味醇,但香味较弱	2～4	2～4	2～4
	平淡而无滋味,加盐奶油咸味不正常	10～15	10～15	10～15
	有较弱的饲料味	15～20	15～20	15～20
	有明显的其他不愉快气味	20～25	20～25	20～25
组织状态(20～25 分)	组织状态正常	0	0	0
	较柔弱、发腻、粘刀或脆弱、疏松	6～10	5～8	6～10
	有大小孔隙或水珠	6～10	5～8	6～10
	外表面浸水	6～10	5～8	6～10
色泽(5 分)	正常、均匀一致	0	0	0
	过白或着色过度	2～3	2～3	2～3
	色泽不一致	3～4	3～4	3～4
加盐(0～5 分)	正常、均匀一致	—	0	—
	分布不均匀	—	2～3	—
	发现食盐结晶	—	3～4	—
塑型与包装(5 分)	良好	0	0	0
	包装不紧密,切开断面有空隙,边缘不整齐,或使用不合理的包装纸者	2～3	2～3	2～3

三、冰激凌的感官评价

冰激凌是以奶粉、奶油、鸡蛋、砂糖、淀粉、香草粉等为原料，经混合、灭菌、冷热搅拌、高压均质、冷热交换、老化、冷冻膨化后装杯而制成的冷冻食品。

冰激凌按其味可分为香草、奶油、果味等类别。根据脂肪含量不同可分为高脂肪、中脂肪和低脂肪冰激凌。各类冰激凌根据其理化指标还可分为特级、高级、中级和低级 4 个级别。

1. 色泽评价

进行冰激凌色泽的感官鉴别时，取样品开启包装后直接观察，接着再用刀将样品纵切成两半进行观察。

优质冰激凌呈均匀一致的乳白色或与本花色品种相一致的均匀色泽。次质冰激凌则尚具有与本品种相适应的色泽。劣质冰激凌的色泽灰暗而异样，与各品种应该具有的正常色泽不相符。

2. 组织状态评价

进行冰激凌组织状态的感官鉴别时，先打开包装直接观察，然后用刀将其切分成若干块再仔细观察其内部质地。

优质冰激凌的形态完整，组织细腻滑润，没有乳糖、冰晶存在，无直径超过0.5cm 的孔洞，无肉眼可见的外来杂质。次质冰激凌的外观稍有变形，冻结不坚实，带有较大冰晶，稍见脂肪、蛋白质等淤积，只有一般原、辅料带进来的杂质。劣质冰激凌的外观严重变形，摊软或溶化，冻结不坚实并有严重的冰结晶和较多的脂肪、蛋白质淤积块，有头发、金属、玻璃、昆虫等恶性杂质。

3. 气味评价

感官鉴别冰激凌的气味时，可打开杯盖或在蛋托上直接嗅闻。

优质冰激凌具有各香型品种特有的香气。次质冰激凌的香气过浓或过淡。劣质冰激凌的香气不正常或有外来异常气味。

4. 滋味评价

取样品少许置口中，直接品味。

优质冰激凌应清凉细腻，绵甜适口，给人愉悦感。次质冰激凌则稍感不适口，可嚼到冰晶粒。劣质冰激凌有苦味、金属味或其他不良滋味。

四、雪糕的感官评价

雪糕是以砂糖、奶粉、鸡蛋、香精、淀粉、麦芽粉、明胶等为主要原料，经混合调剂、加热灭菌、均质、轻度凝冻、注模冷冻而制成的带棒的硬质冷食。

作为一种冷食，雪糕的性质介于冰激凌与冰棍之间，按成分可将其分为奶油类、咖啡可可类、水果类、果仁类等几十类。各类雪糕又按其理化指标即总固体、总糖、总蛋白、总脂肪等分为甲、乙、丙三级。

1. 色泽评价

优质雪糕呈现出与各种要求相适应的色泽，且整体颜色均匀一致。次质雪糕的色泽分布尚均匀，基本具有与该品种相一致的色泽。劣质雪糕则色泽不均匀或根本不具有与本品种要求相适应的色泽。

2. 组织状态评价

优质雪糕应冻结坚实，形态完整，棱角清楚，无外来杂质，无空头，杆正而无断杆。次质雪糕则冻结得不够坚实，有少量杂质，有少量的断杆、歪杆、变形、半段、空头等缺陷。劣质雪糕则冻结不坚实，有糖分渗出，形态不完整，有较多的断杆、歪杆、变形、半段等缺陷，有毛发、昆虫、玻璃、金属等恶性杂质。

3. 气味评价

优质雪糕具有各品种该有的正常气味。次质雪糕的气味或香气浓淡不一致。劣质雪糕则无香味或香味不正，有其他异味。

4. 滋味评价

优质雪糕具有该品种所具有特色滋味和适口甜味。次质雪糕则滋味平淡。劣质雪糕有苦味、咸味或其他不良滋味。

第三节　奶粉及硬质干酪的感官评价

一、奶粉感官评价

（一）固体奶粉

1. 色泽评价

优质奶粉的色泽均匀一致，呈淡黄色，脱脂奶粉为白色，有光泽。次质奶粉的色泽呈浅白色或灰暗色，无光泽。劣质奶粉则色泽灰暗或呈褐色。

2. 组织状态评价

优质奶粉的粉粒大小均匀，手感疏松，无结块，无杂质。次质奶粉有松散的结块或少量硬颗粒、焦粉粒、小黑点等。劣质奶粉有焦硬的、不易散开的结块，有肉眼可见的杂质或异物。

3. 气味评价

优质奶粉具有消毒牛奶醇正的乳香味，无其他异味。次质奶粉的乳香味平淡或有轻微异味。劣质奶粉有陈腐味、发霉味、脂肪哈喇味等。

4. 滋味评价

优质奶粉有醇正的乳香滋味，加糖奶粉有适口的甜味，无任何其他异味。次质奶粉的滋味平淡或有轻度异味，加糖奶粉甜度过大。劣质奶粉有苦涩或其他较重异味。

（二）冲调奶粉

若经初步感官评价仍不能断定奶粉质量好坏时，可加水冲调，检查其冲调复原乳的质量。

冲调方法：取奶粉 4 汤匙（每平匙约 7.5g），倒入玻璃杯中，加温开水 2 汤匙（约 25ml），先调成稀糊状，再加 200ml 开水，边加水边搅拌，逐渐加入，即成为还原奶。

冲调后的还原奶，在光线明亮处进行感官评价。

1. 色泽评价

优质奶粉呈乳白色。次质奶粉呈浅白色。劣质奶粉有白色凝块，乳清呈淡黄绿色。

2. 组织状态评价

取少量冲调奶置于平皿内观察。

优质奶粉呈均匀的胶状液。次质奶粉带有小颗粒或有少量脂肪析出。劣质奶粉的胶态液不均匀，有大的颗粒或凝块，甚至水乳分离，表层有游离脂肪上浮。

3. 气味与滋味感官评价

同固体奶粉的评价方法。

（三）感官评价标准

1. 全脂奶粉的感官评价标准

感官评价标准按百分制评定，总分 100 分，其中滋味和气味 65 分、组织状态 25 分、色泽 5 分、冲调性 5 分；特级产品要求总评分≥90 分（滋味和气味得分≥60 分），一级产品要求总评分≥85 分（滋味和气味得分≥55 分），二级产品要求总评分≥80 分（滋味和气味得分≥50 分）。具体评分细则见表 7-5。

2. 全脂加糖奶粉的感官评价标准

感官评价标准按百分制评定，总分 100 分，其中滋味和气味 65 分、组织状态 20 分、色泽 5 分、冲调性 10 分；特级产品要求总评分≥90 分（滋味和气味得分≥60 分），一级产品要求总评分≥85 分（滋味和气味得分≥55 分），二级产品要求总评分≥80 分（滋味和气味得分≥50 分）。具体评分细则见表 7-6。

3. 脱脂奶粉的感官评价标准

感官评价标准按百分制评定，总分 100 分，其中滋味和气味 65 分、组织状态 30 分、色泽 5 分；特级产品要求总评分≥90 分（滋味和气味得分≥60 分），一级产品要求总评分≥85 分（滋味和气味得分≥55 分），二级产品要求总评分≥80 分（滋味和气味得分≥50 分）。具体评分细则见表 7-7。

表 7-5　全脂奶粉感官指标评分标准

项　目	特　征	扣　分
滋味和气味（65分）	具有消毒牛乳的醇香味,无其他异味	0
	滋味、气味稍淡,无异味	2～5
	有过度消毒的滋味和气味	3～7
	有焦粉味	5～8
	有饲料味	6～10
	滋味、气味平淡,无乳香味	7～12
	有不清洁或不新鲜滋味和气味	8～13
	有脂肪氧化味	14～17
	有其他异味	12～20
组织状态（25分）	干燥粉末,无结块	0
	结块易松散或有少量硬粒	2～4
	有焦粉或小黑点	2～5
	储藏时间较长,凝块较结实	8～12
	有肉眼可见杂质或异物	5～15
色泽（5分）	全部一色,呈浅黄色	0
	特殊黄色或带浅白色	1～2
	色泽不正常	2～5
冲调性（5分）	润湿下沉快,冲调后完全无团块,杯底无沉淀	0
	冲调后有少量团块	1～2
	冲调后团块较多	2～3

注：1. 在感官评价时,允许用温水调成复原乳进行鉴定。

2. 润湿下沉性系指 10g 全脂奶粉散布在 25℃水面上全部润湿下沉时间。

3. 冲调性系指规定 34g 全脂奶粉用 250ml 40℃水冲调,搅动后观察冲调情况。

表 7-6　全脂加糖奶粉感官指标评分标准

项　目	特　征	扣　分
滋味和气味（65分）	具有消毒牛乳的醇香味,无其他异味	0
	滋味、气味稍淡,无异味	2～5
	有过度消毒的滋味和气味	3～7
	有焦粉味	5～8
	有饲料味	6～10
	滋味、气味平淡,无乳香味	7～12
	有不清洁或不新鲜滋味和气味	8～13
	有脂肪氧化味	14～17
	有其他异味	12～20

续表

项 目	特 征	扣 分
组织状态(20分)	干燥粉末，无结块	0
	结块易松散或有少量硬粒	2～4
	有焦粉或小黑点	2～5
	储藏时间较长，凝块较结实	8～12
	有肉眼可见杂质或异物	5～15
色泽(5分)	均匀的浅黄色	0
	特殊黄色或带浅白色	1～2
	色泽异常	2～5
冲调性(10分)	润湿下沉快，冲调后完全无团块，杯底无沉淀	0
	冲调后有少量团块	2～4
	冲调后团块较多	4～6

注：1. 在感官评价时，允许用温水调成复原乳进行鉴定。
　　2. 润湿下沉性系指10g全脂奶粉散布在25℃水面上全部润湿下沉时间。
　　3. 冲调性系指规定34g全脂奶粉用250ml 40℃水冲调，搅动后观察冲调情况。

表7-7　脱脂奶粉感官指标评分标准

项 目	特 征	扣 分
滋味和气味(65分)	具有脱脂消毒牛乳的醇香味，无其他异味	0
	滋味、气味稍淡，无异味	2～5
	有过度消毒的滋味和气味	3～7
	有焦粉味	5～8
	有饲料味	6～10
	滋味、气味平淡，无乳香味	7～12
	有不清洁或不新鲜滋味和气味	8～13
	有脂肪氧化味	14～17
	有其他异味	12～20
组织状态(30分)	干燥粉末，无结块	0
	结块易松散或有少量硬粒	2～4
	有焦粉或小黑点	2～5
	储藏时间较长，凝块较结实	8～12
	有肉眼可见杂质或异物	5～15
色泽(5分)	呈浅白色，色泽均匀，有光泽	0
	色泽有轻度变化	1～2
	色泽有明显变化	3～5

注：在感官评价时，允许用温水调成含干物质9%的复原乳进行品尝。

二、炼乳与奶粉的鉴别

炼乳与奶粉都是用鲜牛乳加工制成的产品。两者有以下区别。

（1）形状。炼乳是液体状，奶粉是固体的小颗粒状。

（2）包装。炼乳多用铁皮罐盛装，奶粉用塑料袋或铁皮罐装。

（3）成分。炼乳中的碳水化合物和抗坏血酸（维生素 C）比奶粉多，其他成分，如蛋白质、脂肪、矿物质、维生素 A 等，皆比奶粉少。

（4）食用。炼乳在揭开铁盖以后，如果一次吃不完，家中又无冰箱的情况下，容易变质腐败和感染细菌，而奶粉则没有这个缺点。

三、硬质干酪质量的感官评价

干酪是以牛乳为原料，经巴氏杀菌、添加发酵剂、凝乳、成形、发酵等过程而制得的产品。

1. 色泽评价

优质硬质干酪呈白色或淡黄色，有光泽。次质硬质干酪色泽变黄或灰暗，无光泽。劣质硬质干酪呈暗灰色或褐色，表面有霉点或霉斑。

2. 组织状态评价

优质硬质干酪的外皮质地均匀，无裂缝，无损伤，无霉点及霉斑；切面组织细腻，湿润，软硬适度，有可塑性。次质硬质干酪的表面不均，切面较干燥，有大气孔，组织状态疏松。劣质硬质干酪的外表皮出现裂缝，切面干燥，有大气孔，组织状态呈碎粒状。

3. 气味评价

优质硬质干酪除具有各种干酪特有的气味外，一般香味浓郁。次质硬质干酪的干酪味平淡或有轻微异味。劣质硬质干酪具有明显的异味，如霉味、脂肪酸败味、腐败变质味等。

4. 滋味评价

优质硬质干酪具有干酪固有的滋味。次质硬质干酪滋味平淡或有轻微异味。劣质硬质干酪具有异常的酸味或苦涩味。

5. 感官评价标准

按百分制评定，总分 100 分，其中滋味和气味 50 分、组织状态 25 分、纹理图案 10 分、色泽 5 分、外形 5 分、包装 5 分；特级产品要求总评分≥87 分（滋味和气味得分≥42 分），一级产品要求总评分≥75 分（滋味和气味得分≥35 分）。具体评分细则见表 7-8。

表 7-8　硬质干酪感官指标评分标准

项　目	特　征	扣　分
滋味和气味（50分）	具有特有的滋味和气味,香味浓郁	0
	具有特有的滋味和气味,香味良好	1～2
	滋味、气味良好但香味较淡	3～5
	滋味、气味合格,但香味淡	6～8
	具有饲料味	9～12
	具有异常酸味	9～15
	具有霉味	9～18
	具有苦味	9～15
	具有氧化味	9～18
	有明显的其他异常味	9～15
纹理图案（10分）	具有该品种正常的纹理图案	0
	纹理图案略有变化	1～2
	有裂痕	3～5
	有网状结构	4～5
	契达干酪具有孔眼	3～6
	断面粗糙	5～7
色泽（5分）	色泽呈白色或淡黄色,有光泽	0
	色泽略有变化	1～2
	色泽有明显变化	3～4
组织状态（25分）	质地均匀,软硬适度,组织极细腻,有可塑性	0
	质地均匀,软硬适度,组织极细腻,可塑性较好	1
	质地基本均匀,稍软或稍硬,组织较细腻,有可塑性	2
	组织状态粗糙,较硬	3～9
	组织状态疏松,易碎	5～8
	组织状态呈碎粒状	6～10
	组织状态呈皮带状	5～10
外形（5分）	外形良好,具有该品种正常的形状	0
	干酪表皮均匀、细致、无损伤,无粗厚表皮层,有石蜡混合物涂层或塑料膜真空包装	0
	无损伤但外形稍差	1
	表层涂蜡有散落	1～2
	表层有损伤	1～2
	轻度变形	1～2
	表面有霉菌	2～3

续表

项　目	特　征	扣　分
包装(5分)	包装良好	0
	包装合格	1
	包装较差	2～3

注：1. 有轻度苦味、轻度饲料味、轻度霉味者作合格论，滋味和气味评分低于39分者不得用作加工干酪原料。

2. 荷兰干酪允许有微酸味。

3. 不杀菌加工的荷兰干酪允许有气孔。

复　习　题

1. 乳与乳制品感官评价的原则是什么？

2. 对鲜乳如何进行感官评价？

3. 对酸牛乳如何进行感官评价？

4. 对炼乳如何进行感官评价？

5. 对奶油如何进行感官评价？

6. 对冰激凌如何进行感官评价？

7. 对雪糕如何进行感官评价？

8. 对奶粉如何进行感官评价？

9. 如何区别炼乳和奶粉？

10. 对硬质干酪如何进行感官评价？

第八章 酒类感官评价

第一节 白酒的感官评价

一、白酒感官评价的意义、特点以及基本知识

（一）酒水类概述

1. 酒的品种分类

酒的种类繁多，一般有四种分类法。

（1）按生产特点分类

① 蒸馏酒。原料经发酵后，用蒸馏法制成的酒叫蒸馏酒。这类酒固形物含量极少、酒精含量高、刺激性强，如白酒、白兰地酒等。

② 发酵原酒（或称压榨酒）。原料经发酵，直接提取后用压榨法而取得的酒叫发酵原酒。这类酒的度数较低，而固形物的含量较大，刺激性小，如黄酒、啤酒、果酒等。

③ 配制酒。用白酒或食用酒精与一定比例的糖料、香料、药材等配制而成的酒叫配制酒。这类酒因品种不同，所含糖分、色素、固形物和酒精含量等各有不同，如橘子酒、竹叶青、五加皮酒及各种露酒和药酒。

（2）按酒精含量分类

① 高度酒。酒精成分在40°以上者为高度酒，如白酒、曲酒等。

② 中度酒。酒精成分在20°～40°之间者为中度酒，如多数的配制酒。

③ 低度酒。酒精成分在20°以下者为低度酒，如黄酒、啤酒、果酒、葡萄酒等。它们一般都是原汁酒，酒液中保留营养成分。

（3）按生产原料分类

① 粮食酒。以高粱、玉米、大麦、小麦和米等粮食为原料而酿制的酒。

② 非粮食酒。以含淀粉的野生植物或水果等为原料而制成的酒。

（4）按酒的风味特点分类

在商业经营中，我国习惯根据各种酒的风味特点把酒类分为白酒、黄酒、啤酒、果酒和配制酒五类。

2. 酒的品种命名

我国酒类品种繁多，有上千种，其命名方法归纳起来有以下几种。

（1）以原料命名。如五粮液、三粮酒、高粱酒、薯干酒、苹果酒、橘子酒、青梅酒、红果酒、葡萄酒等。

（2）以产地命名。如茅台酒、董酒、汾酒、洋河大曲、北京特曲、绍兴酒，即墨酒。

（3）以用曲命名。如大曲酒、小曲酒、陈曲酒、六曲酒等。

（4）以特殊工艺命名。如老窖酒、加饭酒、沉缸酒、封缸酒等。

（5）以颜色命名。如红葡萄酒、白葡萄酒、江阴黑酒、竹叶青、黄啤酒、黑啤酒、老白酒。

（6）以甜度命名。如丹阳的甜黄酒、三冬蜜酒等。

（7）以复合名称命名。如泸州老窖特曲酒、桂林三花酒、通州老窖等。

（8）以加入药料或香料命名。如丁香葡萄酒。

3. 酒品风格的形成和语言的描述

酒品风格指酒品的色、香、味、体作用于人的感官，并给人留下的综合印象。

（1）色。酒的颜色丰富多彩，酒液中的自然色泽主要来源于酿制酒品时的原料。酿制时应尽量保持原料的本色。自然的色彩会给人以新鲜纯美、朴实、自然感觉。酒品色泽的形成，会由于温度、形态的改变等原因而发生变化，另外还可以用增色的方法来形成酒品的色泽。可以人工使用调色剂来增加酒液的色泽，使酒色更加美丽，也可以在生产过程中本身的色泽发生变化，例如陈酿的酒品浸润了容器颜色。而且酒品变质和酒病也会使酒的色泽发生变化，出现浑浊变色等情况。

描绘酒品色泽常用的术语：一般符合该酒正常色调的酒品称为正色。如我国白酒一般无色透明，少数酒品微黄，这均属于白酒的正色。果酒的酒色与原料果实的真实色泽相同或相近似，也属酒品正色。不符合该酒的正常色调称为色不正。有的酒品呈两个颜色，称真色，如红曲黄酒，以黄为主黄中带红。

酒品在正常光线下观察带有光亮，称为有光泽。酒色发暗失去光泽称为失光或色暗。光泽不强或亮度不够，称为略失去光泽。好的酒液像水晶体一样高度透明。酒液清亮看不出纤细的微粒，称为透明度好。酒液乌暗且光线不能通过则称为不透明。

优良的酒品都具有澄清透明的液相。如发现酒液浑浊，那说明原料、工艺、质量等出现了问题。观看酒液是否浑浊是品评酒品的一个重要指标。据程度不同应给予有荧光、乳状浑浊、雾装浑浊、土状浑浊、纤维状游浮物浑浊等评语。

沉淀物具有不同形状。如黏状、絮状、片状、块状等。沉淀物颜色也各不相同，白酒的沉淀物是白色、棕色，啤酒的沉淀物是白色、褐色，葡萄酒的沉淀物是白色、棕褐色。

对于含气的酒类如香槟酒、汽酒、啤酒等，不论是酿酒保留的，还是人工加入的，含气现象都是一个品评指标，常用平静、不平静、起泡、多泡等评语来说明酒液中的 CO_2 是否充足，用气泡如珠、细微连续、持久、时涌泡、泡不持久、形成晕圈等评语评价气泡升起的现象。含气酒装瓶后，在瓶中形成一定压力，开瓶时产生响声，这响声在一定程度上说明酒液的含气状态。香槟酒的音响鉴定以清脆、响亮为好。泡沫是啤酒的一个质量指标，与啤酒酒液中的 CO_2、麦芽汁等成分有关系，优质的啤酒倒入洁净的杯中，立即产生了泡沫，啤酒中的泡沫以洁白、细腻、持久挂杯为好，一般从斟酒时泡沫盖满酒面到消失的持续时间不少于 3 分钟。

对于含糖度较高的黄酒、果酒、葡萄酒等，应举杯旋转观察，用流动正常及酒液浓、稠、黏、黏滞、油状等评语评价酒液流动的情况。

(2) 香。表示香气程度的术语：酒品中的香气不能被嗅出，称为无香气。用无香气、微有香气、香气不足、浮香等语言描述酒香的微弱和不足。赞扬酒香则用清雅、细腻、醇正、浓郁谐调、完满、芳香等词语。描述酒香释放情况的词语有暴香、放香、喷香、入口香、回香、余香、绵长等。描述独特香气的词语有陈酒香、固有酒香、焦香、香韵等。有不正常气味的用异气、臭气、糊焦气、金属气、腐败气、酸气、霉气等描述。表示各类酒品香气的术语：品评白酒常用醇香、曲香、糟香、果香、窖底香、芝麻香等；对不正常的香气则用香气不正、香气不醇、刺激性强烈、焦臭、醛臭、油膻味、杂醇酒味等；对清香型用清香醇正、绵长爽净；对浓香型用芳香浓郁、香气协调、喷香等。黄酒的香气一般用香气芬芳、醇香浓郁等词语描述。啤酒的酒化香气要求没有老化气味，没有生酒花气味，香气新鲜清爽。麦芽香气应是清香（淡色啤酒）、焦香（浓香啤酒）。果酒和葡萄酒香气的主要品评指标为必须保持原料的香气，即果香气味。对酒香的评语常用酒香浓郁、陈酒香、成熟酒香、新酒气味和酒香不足等。

(3) 味。对酒味总的品评术语有浓厚、平淡、醇厚、香醇、甜净、绵软、清冽、粗糙、燥辣及后味、余味、回味的不同的味觉感觉等，酒类的各种产品都含有不同相对密度的酒精，但各类酒品都要求消除酒精味道，只有各种味道感的相互配合，酒味协调，酒质肥硕，酒体柔美的酒品才能称得上美味佳酿。

(4) 体。酒体是品评酒品的一个项目，是对酒品色泽、香气、口味的综合评价。评价酒品的体常用精美良醇、酒体完满、酒体优雅、酒体娇嫩、酒体瘦弱、酒体粗劣等词语进行评述。

(5) 风格。酒品的风格是对酒品的色、香、味、体的全面品质的评价，同一类酒中的每个品种之间都存在差别。每种酒的独特风格是稳定的、定型的，各种名贵的酒品都因上乘的质量和独特风格而受到广大饮者的喜爱。品评酒品风格使用突出、显著、明显、不突出、不明显、一般等词语进行评价，风格、定型的酒品的主要成分含量均有一定的范围，所以用分析酒淡成分的方法鉴别出酒品的优劣真伪。

（二）酒类感官评价方法

1. 评酒的准备工作

评酒室内的室温以 15～20℃为宜，相对湿度 50％～60％，避免外界干扰，噪声应在 40dB 以下，无气味物质的影响，室内空气要保持新鲜，呈无风状态，光线充足柔和，光照度以 500lx 为宜。墙壁色调适中单一，折射率在 40％～50％之间。

选定品评样品，每个评酒员每天的品评用量不得超过 24 个品种，准备好品酒用的各种酒杯，不得混用，注入酒杯的酒液量以酒杯的 3/5 为好，留有空间以便于旋转酒杯进行品评。含气酒品注入酒杯时，瓶口距杯口 3mm 缓慢注入，达到适当高度时，注意观察起泡情况，计算泡沫保持的时间。

2. 各类酒品的最佳品评温度

白酒 15～20℃，黄酒 30℃左右，啤酒在 15℃以下保持 1 小时以上，葡萄酒、果酒 9～18℃之间，干白葡萄酒 10～11℃，干红葡萄酒、深甜葡萄酒 16～18℃，高级白葡萄酒 13～15℃，淡红葡萄酒 12～14℃，香槟酒 9～10℃。

3. 同一类酒的样品品评顺序

酒度先低后高，香气先淡后浓，滋味先干后甜，酒色先浅后深。

评酒时还要防止生理和心理上的顺效应、后效应等情况所引起的品评误差，影响结论的正确性，可以采取反复品评、间隔时间休息、清水漱口等方法加以克服。

评外观时要在适宜的光线下直观或侧观，注意酒液的色泽，有无悬浮物、沉淀物等情况。

评气味时杯口应放置于鼻下约 6cm 处，略低头，转动酒杯，轻嗅酒气，经反复嗅过后作出判断。

评口味时入口要慢，使酒液先接触舌尖，后接触舌两侧，再到舌根，然后卷舌，把酒液扩展到整个舌面，进行味觉的全面判断，最后咽下，辨别后味，并进行反复品评，对酒品的杂味刺激性、协调、醇和等作出判断评价。品评时高度酒可少饮，一般 2ml 即可，低度酒可多饮，一般在 4～12ml，酒液在口中停留的时间一般在 2～3 分钟左右。品评程序是：一看，二嗅，三尝，四回味。

4. 评酒的基本方法

（1）一杯评酒法。也称直接品评法，评酒时采用暗评的方法，评酒人先品尝酒品，然后进行评述，也可以品尝一种酒样后即进行评价，还可重复品尝几种酒样后，再逐一进行评述。

（2）两杯品评法。也称对比品评法，评酒时采用暗评的方法，评酒人依次品尝两种酒样，然后评述两种酒的风格和风味，以及各自的风格特点。

（3）三杯品评法。也称三角品评法，评酒时采用暗评的方法，品评人员依次品尝三杯酒样，其中两杯是一样的，品评人应品出哪两种是同样的酒，两种酒之间在风味、风格上存在哪些差异，并对各自的风味、风格进行评述。

二、白酒感官评价的基本方法

人们在饮酒时很重视白酒的香气和滋味，目前对白酒质量的品评是以感官指标为主的，即从色、香、味、风格四个方面进行鉴别的。

1. 色泽透明度评价

将白酒倒入白色透明高脚玻璃杯中，用手指夹住酒杯的杯柱，举杯于适宜的光线下，进行直观或侧观。观察酒液的色泽是否正常、有无光泽、有无悬浮物、沉淀物等。如光照不清，可以用白纸作底以增强反光，或借助于折光罩，使光束透过杯中酒液，使能看出极小的悬浮物。白酒应是无色透明、无悬浮物和沉淀物的液体。将白酒注入杯中，杯壁上不得出现环状不溶物。将酒瓶倒置，在光线中观察酒体，不得有悬浮物、浑浊和沉淀。在冬季如果白酒中有沉淀可用水浴加热到 30~40℃，如沉淀消失为正常。

2. 香气评价

白酒的香气有溢香、喷香、留香三种。当鼻腔靠近酒杯口时，白酒中的芳香成分溢散在杯口附近，很容易使人闻到香气，这就是溢香，也称闻香。用嗅觉即可直接辨别香气的浓度及特点。当酒液饮入口中，香气充满口腔，叫喷香。留香是指酒已咽下而口中仍持续留有酒香气。

在对白酒的香气进行感官评价时，最好使用大肚小口的玻璃杯，将白酒注入杯中稍加摇晃，即刻用鼻子在杯口附近短促呼吸以仔细嗅闻其香气。如对某种酒要进行细致的鉴别或精细比较时，可以采用下列特殊的闻香方法。

（1）用一条吸水性强、无味的纸，浸入酒杯吸一定量的酒样，闻纸条上散发的气味，然后将纸条放置 8~10 分钟后再闻一次。这样可以鉴别酒液香气的浓度和时间长短，同样也易于辨别有无不快气味以及气味的大小。

（2）在手心中滴几滴酒样，再把手握成拳头，从大拇指和食指间的缝隙中闻其气味。此法可以用于验证香气是否有明显效果。

（3）在手心或手背上滴几滴酒样，然后两手相搓，使酒样迅速挥发，及时闻其气味。此法可以用于鉴别酒香的浓淡。

闻酒气味时要先呼气，再对准酒杯吸气。还应注意酒杯和鼻子的距离，呼气时间的长短、间歇、呼气量应尽可能相同。一般的白酒都应具有一定的溢香，很少有喷香或留香。名酒中的五粮液，就是以喷香著称的；而茅台酒则是以留香而闻名。白酒不应该有异味，诸如焦糊味、腐臭味、泥土味、糖味、酒糟味等不良气味均不应存在。

3. 滋味评价

白酒的滋味应有浓厚、淡薄、绵软、辛辣、纯净和邪味之别。酒咽下后，又有回甜、苦辣之分。白酒以醇厚、无异味、无强烈刺激性为上品。感官评价白酒的滋味时，酒饮入口中时要慢而稳，使酒液先接触舌头，后而两侧，再至舌根部位，然后鼓起舌头打卷，使酒液铺张到整个舌上，进行味觉的全面判断。

4. 风格评价

风格评价是对酒的色、香、味全面评价的综合体现。这主要靠鉴评人员平日广泛接触各种名酒积累下来的经验。没有对各类酒风格的记忆，其风格是无法品评的。各类白酒一般都要求具有本品种突出的风格，其色泽为无色、清凉透明、无悬浮物、无沉淀。

不同香型的白酒其香气和口味要求如下。

酱香型：要求酱香突出，优雅细致，酒体醇厚，回味悠长。以茅台酒为代表。

浓香型：其特点是窖香浓郁，绵软干洌，尾净余长，即有"香、甜、浓、净"四个字的特征。如泸州老窖、五粮液、剑南春、洋河大曲等。

清香型：其特点是清香醇正，口味协调，微甜绵长，余味爽净。如山西汾酒。

米香型：其特点是米香洁雅醇正，入口绵软，落口干洌，回味怡畅。以桂林三花酒为代表。

兼香型：其特点是浓酱协调，香气浓郁，醇正柔和，后味回甜。如白沙液酒。

还有混合香型或特殊香型的白酒，如西凤酒、董酒等。

三、感官评价识别名优白酒技巧

（一）基本技巧

1. 商标鉴别法

假酒或其他伪劣商品在外包装上多数没有商标标识或"注册商标"（注册）字样，即使仿照，其图案色彩与真品标识总有不同之处。如洋河大曲其真品商标是定点印刷的，质量精致，图案清晰，在"羊禾"、"敦煌"、"洋河"、"美人泉"等商标上加印"注册商标"字样。假品商标均在一些小厂印刷，质量粗糙，字体有别，字型不统一，图案及人物造型不协调。

2. 包装装潢鉴别法

食品法规中均规定了各种饮料酒的标签标准，并且在装潢方面要求图案清晰、形象逼真、色彩调和、做工精细、包装用料质量好。而伪劣酒的包装装潢则多数不符合标签法规，或滥用标记、装潢图案模糊、形象不真、色彩陈旧、包装用料差、做工粗制滥造。如古井贡酒，其真品瓶贴"古井贡酒"四字隶书，白底红字烫金，厂名处是红底白字方形印刷体，瓶贴背后打印出厂日期、批号，每箱附有食品卫生检验合格证和装箱单，同箱内产品出厂日期、批号与装箱单一致，用黄色铝质盖封口，光滑圆整。而伪劣瓶贴上图形图案虽与真品相似，但未注册，使用的厂名各异，也有使用回收的真酒瓶装制假酒，但瓶盖断裂，封口不完整，同箱内的出厂日期、批号不一致，无装箱单。

3. 瓶盖特征鉴别法

根据材质、图案、颜色、结构不同进行鉴别。如汾酒其真品瓶盖是用进口铝质材料制成的，螺纹盖上印有"古井亭"图案，整齐清楚，盖内壁呈银白色，内垫有弹性的白色硬质塑料垫，封口整齐。瓶盖外壁螺纹处有红箭头指示开口方向，并有英文"Open"字样。而伪劣酒瓶盖用料质杂，盖上"古井亭"图案不清晰，有脱落现象，瓶盖内壁色泽灰暗或涂黄色，内壁用纸垫或暗黄色塑料垫，封口不整齐，瓶盖外螺纹处没有开口指示箭头和英文。

4. 瓶型特征鉴别法

根据酒瓶形状、制作质量等特征进行鉴别。如五粮液真品瓶型有鼓形（俗称萝卜瓶）、麦穗形两种，瓶子用料细、制作精，瓶底圆形，周围有规则的凸出条纹。假五粮液瓶型较杂乱，有方形、圆柱形，还有一些不规则的异型瓶。

（二）几种名优白酒真伪的感官评价方法

1. 鉴别贵州茅台酒的真伪

茅台酒为中国名酒，在国内外均享有盛名。茅台酒厂始建于 1704 年，在贵州省仁怀县茅台镇。

感官评价茅台酒真假的方法如下。

（1）生产厂家鉴别。茅台酒厂没有和其他任何厂家联营，也没有把它的商标许可权与任何厂家共享，更没有设立过一厂、二厂和分厂等。凡是注明为联营厂、一厂、二厂、分厂生产的"茅台酒"，完全可以肯定是假的。

（2）注册商标鉴别。茅台酒全瓶贴"贵州茅台酒"注册商标，是用进口 100g 钢板纸印制的，500ml 容量酒瓶的商标纸规格为 90mm×125mm。内销酒商标图案分三部分：中间是一条从右上方到左下方的 60mm 宽白色斜带，上下分别有两条黑色细线和四条黑色粗线，把红色的"贵州茅台酒"五个字夹在中间。斜带和左上角的相接处有 13mm 宽的金色条，条上有"中外驰名"四个黑字。左上角为一红色色块，中间有直径为 35mm 的套金色边的白圈，圈内有从上至下的环形麦穗、金色齿轮和红五角星图案。斜带和右下角的相接处有一条细金线。在右下角的红色色块上有"中国茅台酒厂出品"八个白字，白字下有"53% VOL，500ml"的标明酒度和容量的黑字。酒瓶背面说明其规格为 65mm×85mm 并以红色套边，套边四周留有宽 10mm 的白边，出厂日期为蓝色阿拉伯数字。商标印刷精美，色彩准确，切边均匀。假"茅台"的商标和背贴都是用普通纸张印刷的，商标规格为 100mm×140mm，背贴规格为 133mm×85mm。各种图案配色混乱，层次不清晰，颜色偏淡，规格不一致，所用字体也与真商标有明显区别，出厂日期字迹有红色的，也有其他颜色的。

（3）包装材料鉴别。茅台酒的酒瓶是乳白色玻璃瓶，封口为大红色螺纹扭断式防盗铝盖，顶部有"贵州茅台酒"五个白字，瓶口无内塞。整瓶酒外包一张优质正方形皮纸，装在彩盒中：外包装彩盒用的是进口白板纸加细瓦楞。盒上字体和色泽与商标、背贴上一致。假"茅台"的封口用深浅不同的红色胶帽，有透明无字的，也有假造"茅台"两字的，瓶盖有白色的也有红色的。盖子壁纹各异，有黄色扭断式铝盖，也有塑料盖外套扭断式黄色铝帽的。内塞有螺旋式、带腰线、平顶等几种。外包装盒用的是不合格的劣质皮纸或其他材质。

（4）感官特点鉴别。茅台酒是用小麦制曲，经8次发酵，储存2～3年后方可出厂的。它的独特感官指标是酒液无色透明，饮时醇香回甜，没有悬浮物及沉淀，酒香突出，幽雅细腻，酒体醇厚，回味悠长，空杯留香持久，经久不散。假"茅台"多用高粱酒、白干酒、配制酒等冒充，很难具有茅台酒的色、香、味特点。

2. 鉴别四川五粮液的真伪

五粮液酒产于四川省宜宾市，因以高粱、玉米、糯米、粳米和小麦为原料，故称"五粮液"。

感官评价五粮液酒真假的方法如下。

（1）商标鉴别。真的注册商标是"五粮液"牌，以醒目的"五粮液"三个大字作为特殊标志，商标图案底部用黄色谷穗映衬，谷穗以上全部套红，"五粮液"三个字是谷穗图形略凸起，商标背面印有出厂日期，透过酒液和瓶体就能看清楚。假"五粮液"的商标有"555"牌、"精工"牌、"东升"牌、"白云山"牌、"翠竹"牌等，产地杂乱，商标的颜色、字体也五花八门。也有仿制真五粮液的装潢设计的，但假酒多数商标印刷粗糙，或者根本就没有注册商标。

（2）瓶型鉴别。真酒的瓶型有鼓形（也叫萝卜瓶）、麦穗形两种。瓶子用料考究，制作精细。瓶底为圆形，周围有规则的凸出条纹。假"五粮液"的瓶型纷乱多样，有方形、圆柱形的，也有不规则的异型瓶。

（3）酒质鉴别。真的五粮液酒体清澈透明，具有香气悠久、味道醇厚、入口甘美、入喉净爽、各味谐调、恰到好处的独特风格，尤以喷香著称于世。假酒的酒体浑浊，有的甚至是酒精兑水制成，闻时酒气刺鼻，喝时刺喉，并有明显苦味。

（4）瓶盖鉴别。真酒的瓶盖与内盖是分离的，若从瓶底看到瓶盖与内盖联为一体，则为假酒。

3. 真假剑南春酒的鉴别

剑南春酒产于四川省绵竹县剑南春酒厂，属浓香型白酒，是酒中佳品，在历次中国名酒的评选中均榜上有名。为了防止假冒产品，剑南春酒厂多年来采取了一系列的重要保护措施，这样更有利于消费者感官鉴别酒的真伪，依法保护自己的正当权益。

（1）瓶盖鉴别。自1987年3月起，500ml装各种瓶型剑南春酒均使用防盗整封口，盖为乳白色金属铝，整面直径2.9cm，分别标有外销用"长江大桥牌"和内销用"剑南春牌"两种注册商标。瓶盖上部标有"中国四川绵竹剑南春酒厂"红色字样，中部标有"中国名酒"和"MIAN ZHU JIAN NAN CHUN WINERY"、"SICHUAN CHINA"字样，英文字以下为断裂线，使用时只要旋转盖子，从断裂线处就会自动断掉 0.5cm，使瓶盖总高由 3.3cm 降为 2.8cm，以此作为启开过的标识。

（2）封签鉴别。250ml 以下规格剑南春酒，多使用塑料盖和封签封口，封签为淡绿色，印有绿色篆体字"四川绵竹剑南春酒厂"字样，整齐美观，印刷清晰。

（3）商标质量鉴别。剑南春酒的商标全部实行定点印刷，印刷质量高而稳定，图案、文字均很清晰。目前定点印刷厂是重庆印刷三厂、绵竹县印刷厂和什邡县印刷厂。盗印的商标多模糊不清，或者套色不准确。

（4）酒质鉴别。剑南春酒有"窖香浓郁"、"余味悠长"、"醇和回甜、清冽净爽"三个特点。因该酒的真品选用老窖发酵，长时间用陶罐储存老熟，属于浓香型，所以瓶盖一开香飘满室。该酒入口和顺，口感纯净爽适，没有强烈刺激，回味香甜，余香长，假酒一般都没有香气或香气不浓，也有加香过度而产生暴香异气的，酒色不正，酒体浑浊，透明度差。

第二节　葡萄酒的感官评价

一、葡萄酒的分类

葡萄酒的品种很多，因葡萄栽培、葡萄酒生产工艺的不同，产品也各不相同。一般按酒的颜色、含糖多少、是否含 CO_2 及酿造方法等分类，国外也有采用产地、原料名称来分类的。

（一）按葡萄酒的颜色分类

（1）红葡萄酒。以皮红肉白或皮肉皆红的葡萄为原料发酵而成。酒色呈自然深宝石红、宝石红、紫红或石榴红。酒体丰满醇厚，略带涩味，具有浓郁的果香和优雅的葡萄酒香。

（2）白葡萄酒。用白葡萄或皮红肉白的葡萄经皮肉分离发酵而成。酒色近似无色或为浅黄微绿色、浅黄色、禾秆黄色。外观澄清透明，果香芬芳，幽雅细腻，滋味微酸爽口。

（3）桃红葡萄酒。酒色介于红、白葡萄酒之间，主要有淡玫瑰红色、桃红色、浅红色。酒体晶莹悦目，具有明显的果香及和谐的酒香，新鲜爽口，酒质柔顺。

（二）根据葡萄酒中含糖量分类

（1）干葡萄酒。含糖量（以葡萄糖计）≤4g/L，品评时感觉不出甜味，具有洁净、爽怡、和谐怡悦的果香和酒香。由于酒色不同，又分为干红葡萄酒、干白葡萄酒和干桃红葡萄酒。同理，以下的半干葡萄酒、半甜葡萄酒、甜葡萄酒也可以分别根据酒色进行分类。

（2）半干葡萄酒。含糖量 4～12g/L，微具甜味，口味洁净、舒顺，味觉圆润，并具和谐的果香和酒香。

（3）半甜葡萄酒。含糖量 12.1～50g/L，口味甘甜、爽顺，具有舒愉的果香和酒香。

（4）甜葡萄酒。含糖量≥50g/L，口味甘甜、醇厚、舒适爽顺，具有和谐的果香和酒香。

（三）根据 CO_2 含量分类

（1）静止葡萄酒。酒内溶解的 CO_2 含量极少，其气压≤0.05MPa（20℃），开瓶后不产生泡沫。国内生产的葡萄酒大多属于静止葡萄酒类型。

（2）起泡葡萄酒。其气压（以 250ml 瓶计）≥0.03MPa（20℃），开瓶后会产生泡沫或泡珠。

（3）加气葡萄酒。其气压 0.051～0.25MPa（20℃）。

二、葡萄酒感官评价的基本知识

（一）葡萄酒感官评价的条件

品酒不是猜酒，更不是比酒。品酒乃是运用感官及非感官的技巧来分析酒的原始条件及判断酒的可能变化。客观独立的思考技巧是取决品酒准确与否的关键。

时间：品酒有盲目测试及比较测试之分。最佳的试酒、品酒时间为上午 10:00 左右。这个时间不但光线充足，而且人的精神及味觉也比较集中。

杯子：品尝葡萄酒的杯子也是有讲究的，理想的酒杯应该是杯身薄、无色透明且杯口内缩的郁金香杯。而且一定要有 4～5cm 长的杯脚，这样才能避免用手持拿杯身时，手的温度间接影响到酒温，而且也方便观察酒的颜色。

次序：若同时品尝多款酒时，应该要从口感淡的到口感重的，这样才不会因为前一支酒的浓重而破坏了后一支酒的味道。所以，一般的品尝通则是干白酒在红酒之前，甜型酒在干型酒之后，新年份酒在旧年份酒之前。不过，也应避免一次品尝太多的酒，一般人超过 15 种以上就很难再集中精神。

温度：品尝葡萄酒时，温度是非常重要的一环，若在最适合的温度饮用时，不仅可以让香气完全散发出来，而且在口感的均衡度上，也可以达到最完美的境界。通常红酒的适饮温度要比白酒来得高，因为它的口感比白酒来得厚重，所以，需要比较高的温度才能引出它的香气。因此，即使只是单纯的红酒或白酒，也会因为酒龄、甜度等因素而有不同的适饮温度。

（1）红葡萄酒。年轻单宁重红酒 14～17℃，成熟红酒 15～18℃，年轻味淡红酒 12～14℃，新酒 10～12℃，玫瑰红酒 7～10℃。

（2）白葡萄酒。清淡型白葡萄酒 7～10℃，浓郁型白葡萄酒 12～16℃，半干型葡萄酒 7～8℃，甜白葡萄酒 4～6℃，起泡葡萄酒、香槟 7～8℃。

（二）葡萄酒品酒的步骤

1. 视觉

摇晃酒杯，观察其缓缓流下的酒脚；再将杯子倾斜 45°，观察酒的颜色及液面边缘（以在自然光线状态下最为理想），由此可判断酒的成熟度。一般而言，白葡萄酒在年轻时是无色的，但随着时间的增长，颜色会逐渐由浅黄并略带绿色反光到成熟的麦秆色、金黄色，最后变成金铜色。若变成金铜色时，则表示白葡萄酒已经太老而不适合饮用了。红葡萄酒则相反，它的颜色会随着时间而逐渐变淡，年轻时深红带紫，然后会渐渐转为正红或樱桃红，再转为红色偏橙红或砖红色，最后呈红褐色

2. 嗅觉

将酒摇晃过后，再将鼻子深深置入杯中深吸至少 2 秒，重复此动作可分辨多种气味。尽可能从三方面来分析酒的香味：强度（弱、适中、明显、强、特强）、质地（简单、复杂或愉悦、反感）、特征（果味、骚味、植物味、矿物味、香料味）。在葡萄酒的生命周期里，不同时期所呈现出来的香味也不同，初期香味是酒本身具有的味道；第二期的香味来自酿制过程中产生的香味，如木味、烟熏味等；第三期的香味则是成熟后产生的香味。整体而言，其香味与葡萄品种、酿制法、酒龄甚至土壤都有关系。

3. 味觉

小酌一口，并以半漱口的方式让酒在口中充分与空气混合并且接触到口中的所有部位，此时可归纳、分析出单宁、甜度、酸度、圆润度、成熟度。也可以将酒吞下，以感觉酒的终感及余韵。

三、几种全国驰名果酒的感官特征

果酒外观鉴别——应具有原果实的真实色泽，酒液清亮透明，具有光泽，无悬浮物、沉淀物和浑浊现象。

果酒香气鉴别——果酒一般应具有原果实特有的香气，陈酒还应具有浓郁的酒香，而且一般都是果香与酒香混为一体。酒香越丰富，酒的品质越好。

果酒滋味鉴别——果酒应该酸甜适口，醇厚纯净而无异味，甜型酒要甜而不腻，干型酒要干而不涩，不得有突出的酒精气味。

果酒酒度鉴别——我国国产果酒的酒度多在 12°～18° 范围内。

通过以上的感官评价，现介绍几种全国驰名果酒的感官特征。

1. 烟台红葡萄酒

产于山东省烟台市张裕葡萄酿酒公司，原名玫瑰香红葡萄酒，是该厂传统产品，已有 90 多年历史，外销量很大，享有国际声誉。

烟台红葡萄酒的品质特点——酒液呈鲜艳的红宝石色，透明清亮；酒香浓郁，

具有玫瑰香葡萄特有的香气；入口醇厚，味甜而微酸、微涩，清鲜爽口，味感和谐，余味绵长。酒度为 15.5°～16.5°，含糖量 12%，是一种甜型葡萄酒。

2. 中国红葡萄酒

此酒是精选的优质玫瑰香和龙眼等葡萄品种为主料，经破碎、发酵、陈酿、调配而成。它和烟台红葡萄酒一样也是全国名酒。

中国红葡萄酒的品质特点——酒液呈棕红色，透明；香气芬芳浓郁；果香、醇香协调而持久。饮时酸甜微涩，味浓厚而爽快、醇正而柔和，回味绵长。其酒度为 16°，含糖量为 12%，是甜型葡萄酒。

3. 沙城白葡萄酒

产于河北省怀来县沙城酒厂。它是一种风格独特的干白葡萄酒（不含糖或含糖极微的葡萄酒称为干葡萄酒），酒度为 12°。

沙城干白葡萄酒的特点——色泽微黄带绿，清亮透明，果香悦人，酒香浓郁，美如鲜果。此酒是一种口感柔和、细致、圆润、顺喉、爽适的美酒，享有"怡而不滞，醇而不酽，爽而不薄，味感谐调，恰到好处"的盛誉。

该酒深受外商和我国驻外使节的欢迎，是一种品味很高的葡萄酒。沙城白葡萄酒在国内市场上销售时，用的是"长城牌"商标，也就是人们常说的"长城干白"；在国际市场上销售时，用的是"泰山牌"商标。

4. 烟台味美思

产于山东省烟台市张裕葡萄酿酒公司。此酒早在 1915 年就获巴拿马赛会金奖，又是全国名酒，目前畅销海内外，名气很大。

烟台味美思的品质特点——酒液呈棕褐色，清亮透明；有葡萄酒的香和多种中药材浸汁久藏后形成的特异香气，还有陈酒香，香气浓郁而协调；口味微甜、微酸、微苦；酒味与药味谐调温厚，柔美爽直。其酒度为 17.5°～18.5°，是一种甜型的加料滋补葡萄酒。通常此酒都被用作配制鸡尾酒的主体酒。

5. 北京桂花陈酒

产于北京葡萄酒厂。此酒用多年陈酿的上等白葡萄酒为酒基以桂花为香料精酿而成。酒用桂花选自盛产桂花的苏、杭二州，以金桂为主，并要求含苞初放时采集和加工，因而得桂花陈酒之名。

桂花陈酒的品质特点——酒液金黄，清亮透明，有鲜美的桂花清香和葡萄酒的醇香，香气协调馥郁，沁人心脾，味感醇厚，酸甜适口，满口生香。饮后余味香爽，回味悠长。该酒酒度为 15°，是一种甜型加香葡萄酒。桂花陈酒不但在国内受到欢迎，而且畅销海外，备受西欧、日本等发达国家女性的青睐。

6. 熊岳苹果酒

产于辽宁省盖平县熊岳果酒厂。这里是著名的苹果之乡，该厂生产的苹果酒已达数十种之多。

熊岳苹果酒的品质特别——酒液金黄，清澈透明，有苹果酒特有的清香和醇香，香气谐调，酒味醇厚、柔细，酸甜适口，原果实的风味显著，饮后有一种香爽之感，是一种甜型果酒。此酒有两种规格，一种为陶瓷瓶包装，酒度为 15°～16°；另一种为玻璃瓶包装，酒度为 14.5°～15.5°。熊岳苹果酒在国内国外均受到好评，消费者赞扬该酒有色泽谐调、澄清明亮、果香优美、典型性强、滋味爽口、清香利喉、酒质醇厚、回味悠长的特色。它适于用作佐餐酒，不但口味优美，还有利于食物的消化和吸收。

7. 金奖白兰地

产于山东省烟台市张裕葡萄酿酒公司，原名张裕白兰地，因 1915 年获巴拿马赛会金奖而改为金奖白兰地。

金奖白兰地所用原料众多，加工工艺复杂，不仅用白葡萄酒的白兰地，也掺用苹果及红糖等物发酵蒸馏出的白兰地；因而它既有白兰地的风味又具朗姆酒的特点，既有葡萄香气又有食用酒精的醇香，以其独树一帜的风格蜚声世界。

金奖白兰地的品质特点——酒液金黄透明，有本酒独特的芳香和优雅柔和的酯香，饮时口味醇浓、微苦、爽口，后味绵延持久，余香不息。其酒度为 40°，虽有劲头但不刺激胃口，使人有温而不烈的感觉。

第三节　黄酒的感官评价

一、黄酒感官评价的基本方法

黄酒是我国特有的传统饮用酒，因其色泽黄亮而得名。黄酒的原料主要是糯米或粳米、黄米（黍米）等，通过酒药、麦的糖化发酵，最后再经压榨制成，属于低度的发酵原酒。黄酒酒性醇和，适于长期储存，具有"越陈越香"的特点。黄酒还具有一定的营养价值，是中国广大消费者十分喜爱的饮料酒。

黄酒色泽鉴别——黄酒应是琥珀色或淡黄色的液体，清澈透明，光泽明亮，无沉淀物和悬浮物。

黄酒香气鉴别——黄酒以香味馥郁者为佳，即具有黄酒特有的酯香。

黄酒滋味鉴别——黄酒应是醇厚而稍甜，酒味柔和无刺激性，不得有辛辣酸涩等异味。

黄酒酒度鉴别——黄酒酒精含量一般为 14.5％～20％。

二、几种全国驰名黄酒的感官特征

1. 绍兴酒

因产于浙江绍兴而得名。因以鉴湖之水酿造，故又名"鉴湖名酒"。由于此酒越陈越香，当地又把它叫做"老酒"。绍兴酒是我国最古老的黄酒品种，其特点是：酒液黄亮有光，香气芬芳馥郁，滋味鲜甜醇厚，越陈越香，久藏不坏。2000多年以来，因配料、制作方法和风味不同，绍兴酒又产生了很多名品。

元红酒——又称状元红，最早因绍兴所用酒坛为朱红色而得名。酒液橙黄透明或为琥珀色，口味清爽鲜美，酒度在15°以上。

加饭酒——在生产时增加原料（糯米或糯米饭）而得名，此酒的糯米用量比状元红要多10％以上，并视加入饭量的多少又分为"双加饭"和"特加饭"。加饭酒的酿造发酵期长达90天，其酒度优美、风味醇厚，是绍兴黄酒的代表。此酒酒度在16°以上，糖度为0.8％～1％，属半干型黄酒。由于过去在储酒时常在酒坛外雕上或描绘上民族风格的彩图，故又称此酒为"花雕酒"、"远年花雕"或"女儿红"等。

善酿酒——是用陈年老元红酒带水落缸酿制而成的，储存2年以上方可出厂。此酒酒度比元红酒稍低，糖分含量较高，属半甜型黄酒。酒质特厚，口味特香，是黄酒中的佳品。

香雪酒——是用糟烧酒（加饭酒酒糟做的白酒）带水落缸酿制而成。这种加工方法提高了酒精含量又抑制了酵母发酵，酒色淡黄清亮，香浓味甘，酒度为20°左右，糖度在20％～24％，属甜型黄酒。

2. 福建沉缸酒

沉缸酒产于福建省龙岩县龙岩酒厂，它是用上等糯米为原料，以红曲和白曲（药曲）为糖化发酵剂，在发酵工艺上采取了与别种黄酒不同的两次加米烧酒入酒醅中的方法酿成的。这样可以使产品达到清亮透明、气味芳香、口味醇和、没有苦涩味和焦臭味的目的。

沉缸酒的酒液呈鲜艳透明的红褐色，有琥珀的光泽，香气醇郁芬芳。这种香气是由红曲香、国药香、米酒香在酿造过程中形成的混合香。此酒酒度为14.5°，糖度27％，饮酒入口感觉味醇厚，糖度虽高却无一般甜型黄酒的黏稠感，饮后余香绵长、经久不息。评酒专家认为它各种味道的协调性极好，也就是糖的甜味、酸的鲜味、曲的苦味、酒的刺激味十分和谐。另外，该酒营养丰富，可滋补健身，当地民间有"斤酒当九鸡"之说，在第二届、第三届评酒会上，沉缸酒蝉联全国名酒称号。

3. 即墨老酒

是山东产的久负盛名的黍米黄酒，其生产历史悠久，在国内外市场上的声誉很高。即墨老酒的品质特点是酒色墨褐而略带紫红，晶明透亮，浓厚挂杯，具有臭糜的特殊香气，饮时香馥、醇和、甘甜、爽口、无刺激感，饮后微苦而有余香回味，风味特殊。陈酿储存1年以上的，风味更加醇厚甘美。该酒酒度为12°，含糖较高，是一种甜型黄酒。

即墨老酒不但是饮料酒中的佳品，在山东民间人们更将其作为药引或配制药剂用。此酒也可直接作药以治疗疾病，所以民间视即墨老酒为珍品。

第四节 啤酒的感官评价

一、啤酒的简单分类

啤酒是以大麦芽、啤酒花和水为主要原料，以不发芽谷物（如大米、玉米等）为辅料，经糖化发酵酿制成的富含多种营养成分的低度饮料酒。如按供给人体热能计算，1L啤酒相当于0.7L牛奶的营养。

按颜色深浅可将啤酒分为淡色啤酒、浓色啤酒和黑啤酒。按生产方法可分为熟啤酒（经巴氏杀菌）和鲜啤酒（不经巴氏杀菌），当今还有一种经过滤除菌的啤酒，称为"纯鲜啤酒"。啤酒有鲜与熟之分，鲜啤酒又名生啤酒，但它并不是生的。无论生、熟啤酒，其酿造过程基本上是一样的，所选用的原料也一样，都是用麦芽、大米、酒花和水经过70℃的温度糖化、煮沸后添加酵母发酵、过滤酿造而成。其不同之处如下。

熟啤酒：发酵成熟的啤酒经过滤后，酒液清亮透明，装罐入瓶加盖，由输送带传入喷淋机内，用低温水逐渐升温到65℃，保持40分钟，即巴氏灭菌的啤酒，这种经过灭菌的酒叫熟啤酒。其品质特点是，发酵时间长，不带鲜酵母，稳定性好，不易变质，保管时间长，在12~15℃的条件下保存期可达40~120天。

鲜啤酒：是未经巴氏灭菌的啤酒。其品质特点是，口味淡雅清爽，酒花香味显著，特别是用于啤酒发酵的微生物——酵母菌仍生存于酒液中，因此鲜啤酒更易于开胃健脾，营养较熟啤酒丰富。啤酒的酵母菌是由碳、氢、氧和各种矿物质元素组成的细胞体，含有较多的维生素，所以啤酒酵母并无毒素。经常饮用鲜啤酒大有裨益。但由于鲜啤酒未经灭菌，酵母菌还会在酒液中繁殖，使啤酒浑浊，因此，零售的散装鲜啤酒适宜现买现喝，不宜存放。

按包装容器可分为瓶装啤酒、罐装啤酒和桶装啤酒。所谓啤酒度数，是指原麦汁的重量百分比浓度，而不是酒精含量。如12°啤酒，酒精含量只有3.5%~4.0%。

啤酒的典型性：即啤酒作为一种营养性低酒精度的饮料酒，它所具有的特点（典型性）表现在以下几个方面。

色泽——啤酒可分为淡色、浓色和黑色三种，优良的啤酒不管颜色深浅均应具有醒目的光泽，暗而无光的不是好啤酒

透明度——啤酒在规定的保质期内必须保持其洁净透明的特点，不应有任何浑浊或沉淀现象发生。

泡沫——泡沫是啤酒的重要特征之一。啤酒也是唯一以泡沫体为主要质量指标的酒精类饮料。

风味和酒体——一般日常生活中常见的淡色啤酒应具有明显的酒花香味和细微的酒花苦味，入口稍苦而不长，酒体爽而不淡，柔和适口。

CO_2 含量——具有饱和充足的 CO_2，能赋予啤酒杀口力，给人以舒适的刺激感。

饮用温度——啤酒的饮用温度很重要。在适宜的温度下饮用，酒液中的很多有益成分则能协调互补，给人以一种舒适爽快的感觉。啤酒宜在较低的温度下饮用，以 12℃ 左右为好。

二、啤酒的感官评价

啤酒的感官评价可以简单的归纳为看、闻、品。

（1）看。首先看啤酒的透明度、色泽和泡沫。瓶装啤酒对着光线观察其透明度，然后将酒瓶倒置，这样可明显观察是否有沉淀物。开瓶后将酒倒入透明玻璃杯中，观察其颜色的深浅、是否有光泽。

啤酒的泡沫是啤酒质量感官评价的一项重要指标。除了要求泡沫洁白、细腻外，还要求啤酒泡沫具有持泡性和挂杯性。所谓持泡性就是要求泡沫消失较慢，沫层在 3cm 左右能持久 3 分钟以上者为优。挂杯性就是在啤酒泡沫散落后，杯壁仍挂有泡沫。另外，鉴别酒的酒具要清洁，切忌有油污，否则会影响啤酒的泡沫质量。啤酒泡沫的多少还与斟酒技术和储藏方式等有一定的关系。

（2）闻。靠近啤酒杯上口处，轻轻吸气。凡有明显的酒花香、纯洁的麦芽香和醇香者为优，如有生酒花味、老化味、铁腥味、酸味、异味或其他怪味者为劣。

（3）品。优质啤酒落口既有清爽、鲜美的感觉又有酒花和麦芽的清香，口感协调、醇厚、柔和、无甜味、苦味清爽消失快而无明显涩味感。回味舒适醇正，有碳酸气刺激感（即所谓杀口感）者质量上乘。如回味甜涩，有酵母臭味、焦糖味、麦皮味、酸味等异味，或饮后感到似水单调无味，均属劣质啤酒。

三、啤酒的感官标准

1. 色泽评价

优质啤酒——浅黄色带绿，有醒目光泽，清亮透明，无明显悬浮物。

次质啤酒——色淡黄或稍深，透明或有光泽，有少许悬浮物或沉淀。

劣质啤酒——色泽暗而无光或失光，有明显悬浮物和沉淀物，严重者酒体浑浊。

2. 泡沫评价

优质啤酒——倒入杯中时起泡力强，泡沫达 1/2～2/3 杯高，洁白细腻，挂杯持久（4 分钟以上）

次质啤酒——倒入杯中泡沫升起，色较洁白，挂杯时间持续 2 分钟以上。

劣质啤酒——倒入杯中稍有泡沫且消散很快，有的根本不起泡沫，起泡者泡沫粗黄，不挂杯，似一杯冷茶水状。

3. 香气评价

优质啤酒——有明显的酒花香气，无生酒花味，无老化味及其他异味。

次质啤酒——有酒花香气但不明显，也没有明显的异味和怪味。

劣质啤酒——无酒花香气，有怪异气味。

4. 口味评价

优质啤酒——口味醇正，酒香明显，无任何异杂滋味。酒质清冽，酒体协调柔和，杀口力强，苦味细腻微弱且略显愉快，无后苦，有再饮欲。

次质啤酒——口味较醇正，无明显的异味，酒体较协调，具有一定杀口力。

劣质啤酒——味不正，有明显的异杂味、怪味，如酸味或甜味过于浓重，有铁腥味、苦涩味或淡而无味，严重者不堪入口。

复 习 题

1. 从香型来分白酒分为哪几种？
2. 怎样认识酒体与酒的风格？
3. 品酒的基本方法有哪些？
4. 白酒的感官评价从哪几个方面进行？
5. 感官识别名优白酒的技巧有哪些？
6. 如何识别真假茅台酒？
7. 葡萄酒如何分类？
8. 葡萄酒感官评价的条件有哪些？
9. 葡萄酒感官评价的步骤是什么？
10. 烟台红葡萄酒的感官特征是什么？
11. 黄酒感官评价的方法是什么？
12. 绍兴酒的感官特征是什么？
13. 啤酒的感官评价项目有哪些？
14. 啤酒感官评价方法是什么？
15. 啤酒的典型性是什么？

第九章 饮料的感官评价

第一节 饮料感官评价的质量要求

一、饮料质量要求

（1）色泽纯正，具有与饮料名称、内容相适应的恰当色调或改种饮料的特征色泽。同一产品的色泽应鲜亮一致，无变色现象。

（2）透明型饮料应清凉透明；浊型饮料应整体均匀一致，无沉淀，不分层。果汁或含果汁饮料允许有少量细小的果肉和纤维沉淀物或悬浮物。

（3）滋味醇正、酸甜适度，香气清雅协调，饮用时给人以浑然一体的愉快感，具有该品种应有的风味。

（4）碳酸饮料应具有明显的杀口感。

二、饮料质量的一般鉴别方法

（1）外观。从成品中抽取样品，倒入清洁、干燥的透明容器中，放在明亮的白色背景下观察，应无任何异常颜色或浑浊现象（果汁汽水除外）。

（2）味道。品尝其味道，应具有本品独特的风味，即口味与商品名一致，而不应有其他异常味道。

（3）气味。试闻成品气味，应有原本的芳香，无其他异味。

（4）瓶盖。查看瓶盖封口，用手旋拧看是否压紧，瓶盖图案应清晰、无划痕、无锈蚀现象。

饮料都具有一定的滋味和口感，而且十分强调色、香、味。饮料或者保持天然原料的色、香、味，或者经过调配加以改善以满足人们各方面的需要。饮料不仅能为人们补充水分，还有补充营养甚至食疗的作用。有些饮料含有特殊成分，对人体起着不同的作用，因此饮料的感官评价尤为重要。

第二节　各种饮料的感官评价

一、碳酸饮料的感官评价

根据国家标准 GB 10789—1996《软饮料的分类》，碳酸饮料有两种：一是在经过纯化的饮用水中加入二氧化碳气的饮料；二是在糖液中加入果汁（或不加果汁）、酸味剂、着色剂及食用香精等制成调和糖浆，然后加入碳酸水（或调和糖浆与水按比例混合后，吸收碳酸气）而制成。汽水中的 CO_2 含量是碳酸饮料质量好坏的重要标志。原轻工部规定：果味汽水中含气量在标准状态下，要相当于汽水体积 3 倍以上。

碳酸饮料因其内容物不同而分为以下五种。

果汁型汽水：原果汁含量要求不低于 2.5%，如橘汁汽水、橙汁汽水。

果味型汽水：以食用香精为主要赋香剂、原汁含量低于 2.5% 的碳酸饮料，如"雪碧"、"芬达"。

可乐型汽水：含有可乐果、白柠檬、焦糖色素或其他类似辛香、果香混合香气的碳酸饮料。

低热量型汽水：如苏打水等。

其他型汽水：如姜汁汽水。

当前，我国市场上碳酸饮料的质量问题主要有总酸不合格，CO_2 含量不足，糖精钠含量超标（标准规定不大于 0.15g/kg），可溶性固形物含量低（标准规定大于 40%），防腐剂苯甲酸钠超标。

(一) 碳酸饮料的感官标准

1. 优质碳酸饮料

(1) 均质度。无分层现象，液面距瓶口 3～6cm。

(2) 瓶盖。不漏气，不带锈。

(3) 商标。端正，与瓶中实物一致。

(4) 透明度。呈产品应有的颜色，澄清透明、无杂质。

(5) 口味。无异味，具有本产品的芳香味和酒精香味。

(6) 泡沫。倒入杯内，泡沫高达 2cm 左右，并持续 2 分钟以上。

2. 劣质碳酸饮料

瓶盖松动或有锈迹，将瓶倒置对光观察，透明碳酸饮料可见云雾状或颗粒现象；带有果肉的碳酸饮料，有分层和沉淀物；口感有腐蚀馊饭味，甜味不足，辣味有余，喝完很快打嗝。

3. 假碳酸饮料

假碳酸饮料大都用糖精、香精和非食用色素制成，封口不规则。

不同种类的碳酸饮料的感官指标如表 9-1 所示。

表 9-1　不同种类的碳酸饮料的感官指标

项　目		指　标				
		果汁型	果味型	可乐型	低热量型	
色泽		应接近与品名相符的鲜果或果汁的色泽	应接近与品名相符的鲜果或果汁的色泽	深棕色或无色	应具有与品名相符的色泽	应具有与品名相符的色泽
香气		具有该品种鲜果的香气。香气协调柔和	具有近似该品种鲜果的香气，香气较协调柔和	具有可乐果及水果应有的香气，香气协调柔和	具有该品种鲜果的香气。香气协调柔和	具有该品种鲜果的香气。香气协调柔和
滋味		具有该品种鲜果汁的滋味，味感醇正、爽口，酸甜适口，有清凉感	具有近似该品种鲜果汁的滋味，味感较醇正、爽口，酸甜较适口，有清凉感	口味正常，味感较正、爽口，酸甜适口，有清凉、杀口感	具有该品种应有的滋味，味感醇正、爽口，有清凉感	具有该品种应有的滋味，味感醇正、爽口，有清凉感
外观	清汁类	透明、无沉淀				
	浑汁类	浑浊均匀，浊度适宜，允许有少量果肉沉淀		—	浑浊均匀，浊度适宜，允许有少量果肉沉淀	
杂质		无肉眼可见的外来杂质				

（二）碳酸饮料感官评价实例（汽水）

1. 色泽评价

进行汽水色泽的感官评价时，可透过有色玻璃瓶直接观察；对于有色瓶装和金属听装饮料可打开倒入无色玻璃杯内观察。

优质汽水——色泽与该类型汽水要求的正常色泽一致。

次质汽水——色泽深浅与正常产品色泽尚接近，色调调理得尚好。

劣质汽水——产品严重褪色，呈现出与该品种不相符的、使人不愉快的色泽。

2. 组织状态评价

进行汽水组织状态的感官评价时，先直接观察，然后将瓶子颠倒过来观察其中有无杂质下沉。另外，还要把瓶子浸入热水中观察是否有漏气现象。

优质汽水——清汁类汽水澄清透明，无浑浊；浑汁类汽水浑浊而均匀一致，透明与浑浊相宜。两类汽水均无沉淀及肉眼可见杂质；瓶子瓶口严密，无漏液、漏气现象。汽水罐装后的正常液面距瓶口 2～6cm。玻璃瓶和标签符合产品包装要求。

次质汽水——清汁类汽水有轻微的浑浊，浑汁类汽水浑浊不均，有分层现象，有微量沉淀物存在。液位距瓶口 2～6cm，瓶盖有锈斑，玻璃瓶及标签有不同程度的缺陷。

劣质汽水——清汁类汽水液体浑浊，浑汁类汽水的分层现象严重，有较多的沉淀物或悬浮物，有杂质。瓶盖封得不严，漏气、漏液或瓶盖极易松脱，瓶盖锈斑严重，无标签。

3. 气味评价

感官评价汽水的气味时，可在室温下打开瓶盖直接嗅闻。

优质汽水——具有各种汽水原料所特有的气味，并且协调柔和，没有其他不相关的气味。

次质汽水——气味不够柔和，稍有异味。

劣质汽水——有该品种不应有的气味及令人不愉快的气味。

4. 滋味评价

感官评价汽水的滋味时，应在室温下打开瓶后立即进行品尝。

优质汽水——酸甜适口，协调柔和，清凉爽口，上口和留味之间只有极少差异，稍欠绵长。CO_2 含量充足，富于杀口力。

次质汽水——适口性差，不够协调柔和，上口和留味之间有差异，味道不够绵长。CO_2 含量尚可，有一定的杀口力。

劣质汽水——酸甜比例失调，风味不正，有严重的异味。CO_2 含量少或根本没有。

二、果汁（浆）及果汁饮料类感官评价

果汁是果实的汁液兑入不同量的水和糖而制成的饮品。果汁分为原果汁、鲜果汁、浓缩果汁和果汁糖浆 4 类。

原果汁——是新鲜果肉直接榨出来的原汁，分为澄清果汁（如葡萄汁、苹果汁和杨梅汁等）和浑浊果汁（如菠萝汁、柑橘汁等）两种。

鲜果汁——原果汁稀释后加入砂糖、柠檬酸等调制而成。

浓缩果汁——鲜果汁经脱水，浓缩 1~6 倍，使糖含量达到 60%~70%。

果汁糖浆——原果汁或浓缩果汁经稀释后加入糖、酸调制而成，含糖量为 40%~60%。

（一）优质果汁饮料的感官标准

以鲜橘汁为例进行说明。

色泽：呈橘黄色。

气味、滋味：冲淡 3 倍后仍有醇正橘子香味，酸甜适口，无异味。

组织状态：含橘绒纤维，呈悬浮状。

杂质：不允许存在杂质。

由于水果的种类较多，所以目前市面上果汁饮料的种类也非常丰富，每一种果汁饮料的感官质量也有差别（见表 9-2）。

（二）果汁饮料的感官评价实例

鉴别果汁饮料是否变质，通常的方法是通过"一看、二嗅、三尝"来确定。果汁饮料变质大概会出现以下现象。

（1）浑浊。不带果肉透明型果汁饮料，一旦出现浑浊现象，则说明多由酵母引起发酵所造成。

表 9-2　几种果汁饮料的质量要求

品　名	感 官 质 量 要 求
鲜橘子汁	果汁呈淡黄色或橙黄色,酸甜适口,无异味,有橘子汁应有的风味,汁液均匀浑浊,静置后允许有少量的沉淀
猕猴桃汁	果汁呈黄绿色或黄色,具有猕猴桃汁应有的风味,无异味。汁液均匀浑浊,静置后允许有沉淀
甜山楂汁	果汁呈红色,具有山楂风味,无异味。汁液均匀,不得有沉淀及分散现象
甜苹果汁	果汁呈淡黄色,汁液浑浊均匀,浓淡适中,长期静置后允许有少许沉淀及轻度分散

（2）酒精味。若有浑浊现象,且开瓶后闻到酒精味,则可断定瓶内或果汁中的酵母恢复了繁殖能力,使果汁发酵产生酒精所致。这样的饮料不宜饮用。

（3）酸味异常。果汁中的酸味主要来源于酒石酸、苹果酸或柠檬酸。经科学配制后的果汁饮料甜酸适宜。若在品尝时发现酸味异常,则是变质所致,不可继续饮用。其原因是饮料中的某些细菌能分解上述酸类物质使之转变成醋酸和 CO_2,从而使其酸味极酸且有强烈刺激味。

1. 色泽评价

感官评价果汁的色泽时,可以直接进行观察。

优质果汁——具有各种类果汁应有的天然色泽。

次质果汁——色泽稍显不纯正。

劣质果汁——失去了固有的天然色泽,变为其他颜色。如橘子汁变成白色或绿色,山楂汁变成棕色或褐色等。

2. 组织状态评价

进行果汁组织状态的感官评价时,先直接观察;然后将瓶子颠倒过来,观察其中有无杂质下沉,并注意瓶口是否严密,有无漏液现象以及标签是否齐全。

优质果汁——澄清果汁澄清透明,无浑浊;浑浊果汁浑浊均匀一致。无沉淀和杂质,封口严密,不漏液。

次质果汁——澄清果汁微有浑浊,浑浊果汁浑浊不均匀,有少量沉淀。

劣质果汁——澄清果汁中出现浑浊,浑浊果汁出现严重分层,如絮状、团块状悬浮物,或液面有菌膜,有大量沉淀、杂质,封口不严、漏液。

3. 气味评价

感官评价果汁的气味时,可打开瓶盖直接嗅闻。

优质果汁——具有各品种果汁特有的果香味。

次质果汁——天然香味不浓或微有异味。

劣质果汁——有馊味、酒味、霉味等不良气味。

4. 滋味评价

感官评价果汁滋味时,可将果汁瓶在常温下开启直接品尝或将糖度大的果汁用水稀成含糖约 10% 的溶液再行品尝。

优质果汁——甜中带酸,并具有各品种果汁特有的醇正滋味。

次质果汁——滋味不醇正，稍有异味。

劣质果汁——酸味过重，有苦味、涩味或其他不良异味。

三、蔬菜汁饮料类的感官评价

蔬菜汁饮料指以一种或多种新鲜菜汁（或冷藏蔬菜汁）或发酵蔬菜汁为原料，加入食盐或糖等配料调配而成的产品，有蔬菜汁、混合蔬菜汁、发酵蔬菜汁。命名产品名称时应标明类型。

目前，发达国家蔬菜汁销售量最大的是番茄汁和以番茄汁为基础的果蔬复合汁。我国蔬菜汁生产起步较晚，目前有少量蔬菜汁和果蔬汁投入了工业化生产，现有的国家标准是 GB 10474—1989 番茄汁，GB 10780—1989 婴幼儿辅助食品番茄汁（见表 9-3）。

表 9-3　番茄汁的感官质量指标

项　目	感　官　指　标
色泽	具有成熟新鲜番茄汁应有的红色或橙红色
滋味气味	具有番茄汁应有的滋味及气味，无其他异味
组织形态	汁液均匀浑浊，静置后允许略有分层，摇动后仍呈原有的均匀浑浊状

番茄汁的汁液呈红色、橙红色或橙黄色；具有番茄汁应有的醇正滋味，无异味；汁液均匀浑浊，允许有少量的番茄肉悬浮在汁液中，静置后允许有轻度分层，浓淡适中，但摇动后应保持原有的均匀浑浊状态，汁液黏稠适中，不得有其他杂质。作为婴幼儿辅助食品的番茄汁是以番茄为原料，经打浆、去皮和种子后的原汁，加少量白砂糖（或葡萄糖）和维生素 C 制成的适合婴幼儿食用的番茄汁。

四、含乳饮料的感官评价

（一）优质含乳饮料的感官评价标准

1. 口感

优质的酸乳饮料含有自然的奶香，口感醇厚，令人回味。

劣质的酸乳饮料由于含有各种各样的酸，饮用之后对舌头、喉咙有刺激，口感不好。

2. 实验

优质的酸乳饮料盛在杯里晃动之后会有挂杯现象。

劣质的酸乳饮料由于不含有蛋白质等营养物质，没有挂杯现象。

常见含乳饮料的感官质量指标如表 9-4 所示。

（二）含乳饮料（优酸乳）的感官评价实例

1. 色泽鉴别

优质——色泽均匀一致，呈乳白色或稍带微黄色。

表 9-4　含乳饮料的感官质量指标

项　　目	配制型中性含乳饮料	配制型酸性含乳饮料、发酵型含乳饮料
滋味和气味	特有的乳香滋气味	酸甜适口无异味,乳酸菌奶饮料特有的发酵芳香气味
色泽	均匀乳白色、乳黄色或带有添加辅料的相应色泽	
组织状态	均匀细腻的乳浊液,无异物,无分层,允许有少量沉淀	

劣质——色泽灰暗或出现其他异常颜色。

2. 组织状态鉴别

优质——均匀细腻,无气泡,允许有少量黄色脂脂和少量乳清。

劣质——乳清析出严重或乳清分离。

3. 气味鉴别

优质——有清香、醇正的奶香味。

劣质——有腐败味、霉变味、酒精发酵及其他不良气味。

4. 滋味鉴别

优质——有醇正的酸乳味,酸甜适口。

劣质——有苦味、涩味或其他不良滋味。

（三）含乳饮料感官评价与食用原则

经感官评价后已确认了品级的含乳饮料,即可按如下食用原则作处理。

（1）凡经感官评价后认为是优质的含乳饮料,可以销售或直接供人食用。

（2）凡经感官评价后认为是次质的含乳饮料,均不得销售和直接供人食用,可根据具体情况限制其作为食品加工原料。

（3）凡经感官评价为劣质的含乳饮料,不得供人食用或作为食品工业原料。可作非食品加工用原料或作销毁处理。

五、植物蛋白饮料类感官评价

在饮用植物蛋白饮料时先观察,其应有正常的色泽,具有与其品种相一致的风味,不得有异味、异臭以及肉眼可见的杂质,可允许有少量脂肪上浮及蛋白质沉淀。因某些产品含糖量相对较高,那些需要低糖摄入的人群要有选择地适量饮用。优质植物蛋白饮料的感官指标见表 9-5。

表 9-5　优质植物蛋白饮料的感官质量指标

项　　目	指　　标
色泽	色泽鲜亮一致,无变色现象
性状	均匀的乳浊状或悬浊状
滋味与气味	具有本品种固有的香气及滋味,不得有异味
杂质	无肉眼可见外来杂质
稳定性	振摇均匀后 12 小时内无沉淀、析水,应保持均匀体系

一些常见植物蛋白饮料的感官质量指标见表 9-6。

表 9-6　植物蛋白类饮料的感官质量指标

项　目	感　官　指　标		
	豆 乳 饮 料	椰 子 汁	杏 仁 露
色泽	呈乳白色或淡乳黄色,或具有与所添加风味料相应的色泽	呈均匀一致的乳白色或微灰白色,有光泽	呈均匀一致的乳白色或微黄色
香气	具有豆乳应有的香气,以及所添加风味料相应的香气,无豆腥味和其他不良气味	具有天然椰子汁(乳)特有的香气,无异味	具有杏仁特有的香气,无异味
滋味	具有豆乳饮料应有的滋味,甜味适中,无异味	具有天然椰子汁(乳)特有的滋味,无异味	具有杏仁特有的滋味,无异味
外观	乳浊液无絮凝状沉淀,不得凝结,不应有异常的黏稠性,允许有少量沉淀和少量脂肪析出	呈均匀、细腻的乳浊液,久置后允许稍有分层,但摇匀后仍能均匀一致,并在4小时内无分层现象	呈均匀、细腻的乳浊液,久置后允许有少量沉淀,但摇匀后仍呈原有的均匀状态
杂　质	无肉眼可见外来杂质	无肉眼可见外来杂质	无肉眼可见外来杂质

不同品质豆奶的感官评价如下。

1. 色泽评价

优质豆奶——色泽洁白。

次质豆奶——色泽白中稍带黄色,或稍显暗淡。

劣质豆奶——呈黄色或趋于灰暗。

2. 组织状态评价

优质豆奶——液体均匀细腻,无悬浮颗粒,无沉降物,无肉眼可见杂质,黏稠度适中。

次质豆奶——液体尚均匀细腻,微有颗粒,存放日久可稍见瓶底有絮状沉淀,是乳化均质不甚良好所致。

劣质豆奶——液体不均匀,有明显的可见颗粒;豆奶分层,上稀薄似水,下沉淀严重。液体本身或过于稀薄或过于浓稠。

3. 气味评价

优质豆奶——具有豆奶的正常气味,有醇香气味,无异味。

次质豆奶——稍有异味或无香味,有的有轻微豆腥气。

劣质豆奶——有浓重的豆腥气和焦糊味。

4. 滋味评价

优质豆奶——香甜醇厚,口感顺畅细腻。

次质豆奶——味道平淡,入口有颗粒感但不严重,也无异常滋味。

劣质豆奶——有豆腥味、苦味、涩味或其他不良味道。

六、瓶装饮用水感官评价

饮用天然矿泉水的感官指标见表 9-7。

表 9-7　饮用天然矿泉水的感官质量指标

项　目	指　标
色度/度	≤15,并不得呈现其他异色
浑浊度/NTU	≤5
味	具有矿泉水的特征性口味,不得有异臭、异味
肉眼可见物	允许有极少量的天然矿物质盐沉淀,但不得含其他异物

下面介绍几种辨别真假矿泉水的感官评价方法。

（1）看外观。矿泉水在日光下应为无色、清澈透明、不含杂质、无浑浊或异物漂浮及沉淀现象。瓶子应是全新无磨损的,将瓶口向下不漏水,略挤压也应不漏水,否则,就很可能是收瓶重用的假冒矿泉水。

（2）口感。矿泉水无异味,有的略甘甜,如碳酸型矿泉水稍有苦涩感。如是冷开水,口感不及矿泉水;若是自来水,会有漂白粉或氯的气味;如是一般地下水,会有不爽的异味。

（3）加酒实验。在矿泉水里加入一些白酒,不仅无异味,而且亦顺喉;而在白开水、自来水中加入白酒,则会变味;一般地下水含杂质较多,加入白酒会发混或有沉淀,其味道亦发生变化。

（4）看瓶签标识。矿泉水必须标明品名、产地、厂名、注册商标、生产日期,批号、容量、主要成分和含量、保质期等。假劣矿泉水,往往标识简单,如果瓶签标识破烂、沾污、陈旧不清等,很可能是利用剥下的标识,不能购买。另外,矿泉水的保质期为 1 年,没有生产日期或超过 1 年保质期的,即使是真品也不能购买饮用。

七、茶饮料类感官评价

茶饮料的感官评价主要注意以下几个方面。

1. 滋味评价

首先要看茶饮料产品的风味是否突出,是否保持了原有茶叶的浓郁风味。如绿茶产品必须有典型的清香风味,乌龙茶应有半发酵的风味。对于没有茶味的茶饮料一般不要选购。

2. 色泽评价

茶饮料产品中的茶汤变色是由于茶叶中的单宁物质极易被氧化,随着时间的延长茶色会不断褐变加深,目前还不能彻底解决这一问题。因此应尽量选购生产日期近的产品,以及颜色新鲜的产品。

3. 沉淀评价

一般表现为容器的底部有微小沉淀,这是产品质量不佳的表现之一。如果茶汤已经浑浊，说明加工工艺条件十分不成熟，对这种产品不能购买或饮用。

不同茶饮料的感官评价要求见表9-8。

表 9-8　不同茶饮料的感官评价指标

项　目	要　求					
	茶汤饮料	调味茶饮料				
		果味茶饮料	果汁茶饮料	碳酸茶饮料	奶味茶饮料	其他茶饮料
色泽	具有原茶类应有的色泽	呈茶汤和类似某种果汁应有的混合色泽	呈茶汤和某种果汁应有的混合色泽	具有原茶类应有的色泽	呈浅黄色或浅棕色的乳液	具有品种特征性的色泽
香气与滋味	具有原茶类应有的香气和滋味	具有类似种果汁和茶汤的混合香气和滋味，香气柔和，酸甜适口	具有某种果汁和茶汤的混合香气和滋味，酸甜适口	具有品种特征性的香气和滋味，酸甜适口，有清凉杀口感	具有茶和奶混合的香气和滋味	具有品种特征性的香气和滋味，无异味，味感醇正
外观	透明，允许稍有沉淀	清澈透明，允许稍有浑浊和沉淀	透明略带浑浊和沉淀	透明，允许稍有浑浊和沉淀	允许有少量沉淀，振摇后仍呈均匀乳浊液	透明或略带浑浊，允许稍有沉淀
杂质	无肉眼可见的外来杂质					

八、固体饮料感官评价

(一) 固体饮料的感官特征

1. 优质固体饮料的特征

(1) 含水量。片状或粉状固体饮料含水量不应超过 2.5%。

(2) 溶解性。应在 2 分钟内全部溶于冷水中，无不溶性沉淀物。

(3) 香味与颜色。加水溶化后，香味与颜色和所用的原料相符，也与该饮料商标上的名称相符。

2. 劣质固体饮料的特征

(1) 包装。外包装印制粗劣，内容不全，无保存说明，包装破裂。

(2) 组织状态。隔塑料袋用手揉捻，感到有团块。

(3) 声音。摇动铁筒，声音发重、发闷。

(4) 溶解性。温水不易冲开，或冲开后有明显沉淀物，打开包装后固体颗粒发黏。

(5) 口味。口感酸味过重，同时有辣、苦等异味。

(二) 固体饮料的感官质量指标

常见固体饮料感官质量指标如表9-9所示。

表 9-9　固体饮料的感官质量指标

项　目	指　标
色泽	冲溶前不应有色素颗粒,冲溶后应具有该品种应有的色泽
外观形态	颗粒状:疏松,均匀小颗粒,无结块
香气和滋味	粉末状:疏松粉末,无颗粒、结块,冲溶后浑浊或呈澄清液
杂　质	无肉眼可见外来杂质

复 习 题

1. 饮料的感官质量要求是什么?

2. 碳酸饮料的感官评价标准是什么?

3. 如何鉴别真假汽水?

4. 优质果汁饮料的感官标准是什么?

5. 果汁饮料的感官评价方法有哪些?

6. 含乳饮料的感官评价指标有哪些?

7. 如何快速鉴别真假酸奶?

8. 优质植物蛋白饮料的感官质量指标是什么?

9. 如何鉴别真假矿泉水?

10. 茶饮料的感官评价过程中要注意些什么?

第十章 粮油及其制品评价

第一节 各种油脂的感官评价

一、油脂感官评价的原则

油脂的感官评价包括色泽、透明度、气味与滋味、杂质等。品质正常的食用油，具有特有的颜色、气味和透明度，不应有沉淀物。因此，根据这些指标可以定性判断油脂的质量。

（一）色泽评价

纯净油脂是无色、透明、具有一定黏度的液体，但因油料作物本身带有各种色素，在加工过程中这些色素溶解在油脂中而使油脂具有颜色。油脂色泽的深浅，主要取决于油料所含脂溶性色素的种类和含量、油料种子品质的好坏、加工方法、精炼程度及油脂储藏过程中的变化等。

色泽检验时一般直接用 1～1.5cm 长的玻璃插油管抽取澄清无残渣的油品，油柱长 25～30cm（也可移入试管或比色管中），在白色背景前的反射光线下观察。冬季气温低，油脂容易凝固，可取油 250g 左右，加热至 35～40℃，使之呈液态，再冷却至约 20℃，然后按上述方法进行鉴别。

（二）透明度评价

正常油脂应为完全透明，如果油脂中含有磷脂、固体脂肪、蜡质，或者含水量较大时，就会出现浑浊，使透明度降低。

透明度检验时一般用插油管将油吸出，用肉眼即可判断透明度，分为清晰透明、微浊、浑浊、极浊及有无悬浮物等。

（三）气味与滋味评价

每种植物油都具有其固有的气味和特殊滋味，通过气味和滋味的鉴别可以知道油脂的种类、品质的好坏、酸败的程度及能否食用等。

气味检验一般有以下几种方法。

（1）装油脂的容器在开口的瞬间，将鼻子凑近容器口，闻其气味。每种油均有特有的气味，这是油料作物所固有的，如豆油有豆味、花生油有花生味、菜籽油有菜籽味、芝麻油有芝麻特有的香味等。检验方法是将油加热至50℃，用鼻子嗅其挥发出来的气味。

（2）取1～2滴油样放在手掌或手背上，双手合拢，快速摩擦至发热后闻其气味。

（3）用不锈钢勺取油样25ml左右，加热至约50℃时闻其气味。

滋味检验：用玻璃棒取少许油样，点涂在舌上，辨其滋味。不正常的油脂会带有酸、辛辣等滋味和焦苦味，正常的油脂无异味。

（四）水分和杂质评价

植物油脂中水分和杂质的鉴别检验是按照油脂的透明与浑浊程度、悬浮物和沉淀物的多少以及改变条件后所出现的各种现象等来进行感官分析判断的。杂质指油脂在加工过程中混入的机械杂质（如泥沙等）和磷脂、蛋白、黏液、固醇、水等非油脂性物质，致使油脂浑浊、有悬浮物沉淀等。杂质和水分的检验一般有以下几种方法。

（1）取样判定法。取干燥洁净的玻璃插油管1支，用大拇指将玻璃管上口按住，斜插入装油容器内至底部，然后放开大拇指，微微摇动，稍停后再用大拇指按住管口，提起后观察管内情况。常温下，油脂清晰透明，水分和杂质含量在0.3％以下；若出现浑浊，水分和杂质含量在0.4％以上；若油脂出现明显的浑浊并有悬浮物，则水分和杂质含量在0.5％以上。

（2）烧纸验水法。取干燥洁净的插油管，用食指堵住油管上口，插入静置的油容器内，直至底部，放开上口，插取少许底部沉淀物，涂在易燃烧的纸片上，点燃，听其发出的声音，观察其燃烧现象。燃烧时如产生油星四溅现象，并发出叭叭的爆炸声，说明水分含量高。

植物油的水分含量如在0.4％以上，则浑浊不清、透明度差，并且将油放入铁锅内加热或者燃烧时，发出叭叭的爆炸声。

（3）钢勺加热法。用钢勺取有代表性油样约250ml，在炉火或酒精灯上加热，温度为150～160℃，看其泡沫，听其声音，观察其沉淀情况。如出现大量泡沫，且发出吱吱响声，说明水分含量高。加热后拨去油沫，观察油的颜色，若油色变深、有沉淀，说明杂质较多。

二、大豆油的感官评价

1. 色泽评价

进行大豆油色泽的感官评价时，将样品混匀并过滤，然后倒入直径50mm、高100mm的烧杯中，油层高度不得小于5mm。在室温下先对着自然光线观察，然后再置于白色背景前借其反射光线观察。

冬季油脂变稠或凝固时，取油样250g左右，加热至35～40℃，使之呈液态，并冷却至 20℃ 左右时按上述方法进行鉴别。

优质大豆油呈黄色至橙黄色。次质大豆油呈棕色至棕褐色。

2. 透明度评价

进行大豆油透明度的感官评价时，将 100ml 充分混合均匀的样品置于比色管中，然后置于白色背景前借反射光线进行观察。

优质大豆油应完全清晰透明。次质大豆油则稍浑浊，有少量悬浮物。劣质大豆油的油液浑浊，有大量悬浮物和沉淀物。

3. 水分含量评价

优质大豆油水分不超过 0.2％。次质大豆油水分超过 0.2％。

4. 杂质和沉淀评价

进行大豆油脂杂质和沉淀物的感官评价时，可用以下三种方法。

（1）取样观察法。用洁净的玻璃扦油管，插入到盛油容器的底部，吸取油脂，直接观察有无沉淀物、悬浮物及其量的多少。

（2）加热观察法。取油样于钢勺内加热（不超过 160℃），拨去油沫，观察油的颜色。若油色没有变化，也没有沉淀，说明杂质少，一般在 0.2％ 以下；若油色变深，杂质约在 0.49％ 左右；若勺底有沉淀，说明杂质多，约在 1％ 以上。

（3）高温加热观察法。取油于钢勺内加热到 280℃，若油色不变，无析出物，说明油中无磷脂；若油色变深，有微量析出物，说明磷脂含量超标；若加热到 280℃，油色变黑，有大量的析出物，说明磷脂含量较高，超过国家标准；若油脂变成绿色，可能是油脂中铜含量过多之故。

优质大豆油可以有微量沉淀物，其杂质含量不超过 0.2％，磷脂含量不超标。次质大豆油有悬浮物及沉淀物，其杂质含量不超过 0.2％，磷脂含量超过标准。劣质大豆油有大量的悬浮物及沉淀物，有机械性杂质，将油加热到 280℃ 时，油色变黑，有较多沉淀物析出。在 0℃ 以下冷冻应无沉淀物析出。但冬天低于 0℃ 时则会有较高熔点的油脂结晶析出，为正常现象。

5. 气味评价

优质大豆油具有大豆油固有的气味。次质大豆油气味平淡，微有异味，如青草等味。劣质大豆油有霉味、焦味、哈喇味等不良气味。

6. 滋味评价

优质大豆油具有大豆固有的滋味，无异味。次质大豆油滋味平淡或稍有异味。劣质大豆油有苦味、酸味、辣味及其他刺激味或不良滋味。

三、如何判别色拉油的品质

色拉油系指各种植物原油经脱胶、脱色、脱臭（脱脂）等加工程序精制而成的高级食用植物油。主要用作凉拌油或用作蛋黄酱、调味油的原料油。目前市场上出售的色拉油主要有大豆色拉油、菜籽色拉油、米糠色拉油、棉籽色拉油、葵花籽色拉油和花生色拉油。

判别色拉油的品质好坏可从如下三方面看。

（1）色拉油必须颜色清淡，无沉淀物或悬浮物。

（2）无臭味，在保存中也没有使人讨厌的酸败气味，要求油的气味正常、稳定性好。

（3）要求其富有耐寒性，将加有色拉油的蛋黄酱和色拉调味剂放入冷藏设备中时不分离。若将色拉油放在低温下，也不会产生浑浊物。

四、花生油的感官评价

1. 色泽评价

优质花生油一般呈淡黄色至棕黄色。次质花生油呈棕黄色至棕色。劣质花生油呈棕红色至棕褐色，并且油色暗淡，在日光照射下有蓝色荧光。

2. 透明度评价

优质花生油应清晰透明。次质花生油则稍浑浊，有少量悬浮物。劣质花生油的油液浑浊。

3. 水分含量评价

优质花生油的水分含量应在 0.2% 以下，次质花生油水分含量则在 0.2% 以上。

4. 杂质和沉淀物评价

优质花生油有微量沉淀物，杂质含量不超过 0.2%，加热至 280℃ 时油色不变深，有沉淀析出。劣质花生油有大量悬浮物及沉淀物，加热至 280℃ 时油色变黑，并有大量沉淀物析出。

5. 气味评价

优质花生油应具有花生油固有的香味（未经蒸炒直接榨取的油香味较淡），无任何异味。次质花生油则具有花生油固有的香味但稍平淡，微有异味，如青豆味、青草味等。劣质花生油有霉味、焦味、哈喇味等不良气味。

6. 滋味评价

优质花生油应具有花生油固有的滋味，无任何异味。次质花生油则具有花生油固有的滋味但稍平淡，微有异味。劣质花生油具有苦味、酸味、辛辣味及其他刺激性或不良滋味。

五、芝麻油的感官评价

芝麻是我国三大油料作物之一，产量居世界第二位，而芝麻油产量居世界第一位。芝麻油又叫香油，分机榨香油和小磨香油两种，机榨香油色浅而香淡，小磨香油色深而香味浓。另外，芝麻经蒸炒后榨出的油香味浓郁，未经蒸炒榨出的油香味较淡。芝麻油是一种受到消费者普遍欢迎的食用油，不仅具有浓郁的香气，而且含有丰富的维生素 E。用这种油炸制的食品质地酥松、脆香味美，能使食品长时间保持酥脆而不回软。用芝麻油调拌凉菜，色泽金黄，香气诱人，食之可口，营养丰富。芝麻油的耐藏性较其他植物油强。

1. 色泽评价

优质芝麻油呈棕红色至棕褐色。次质芝麻油色泽较浅（掺有其他油脂）或偏深。劣质芝麻油呈褐色或黑褐色。

2. 透明度评价

优质芝麻油应清澈透明。次质芝麻油有少量悬浮物，略浑浊。劣质芝麻油则油液浑浊。

3. 水分含量评价

优质芝麻油的水分含量不超过 0.2%。次质芝麻油的水分含量超过 0.2%。

4. 杂质和沉淀物评价

优质芝麻油有微量沉淀物，其杂质含量不超过 0.2%，将油加热到 280℃ 时，油色无变化且无沉淀物析出。次质芝麻油有较少量沉淀物及悬浮物，其杂质含量超过 0.2%，将油加热到 280℃ 时，油色变深，有沉淀物析出。劣质芝麻油有大量的悬浮物及沉淀物存在，油被加热到 280℃ 时，油色变黑且有较多沉淀物析出。

5. 气味评价

优质芝麻油具有芝麻油特有的浓郁香味，无任何异味。次质芝麻油香味平淡，稍有异味。劣质芝麻油除具芝麻油微弱的香气外，还有霉味、焦味、油脂酸败味等不良气味。

6. 滋味评价

优质芝麻油具有芝麻固有的滋味，口感爽滑，无任何异味。次质芝麻油具有芝麻固有的滋味，但稍淡薄，微有异味。劣质芝麻油有较浓重的苦味、焦味、酸味、刺激性辛辣味等不良滋味。

六、菜籽油的感官评价

菜籽油中的维生素 E 含量在各种食用油中是较高的，还含有胡萝卜素、维生素 B_{12} 等，消化率为 99%，是一种良好食用油。其缺点是菜籽油中含有芥酸，故烹调时有辣的滋味，但炸过一次食物后，其辣味便可消失。菜籽油适用于油炸食物和炒菜之用。菜籽油价格低，是生产奶油的好原料。

1. 色泽评价

优质菜籽油呈黄色至棕色。次质菜籽油呈棕红色至棕褐色。劣质菜籽油呈褐色。

2. 透明度评价

优质菜籽油应清澈透明。次质菜籽油则微浑浊，有微量悬浮物。劣质菜籽油的液体极浑浊。

3. 水分含量评价

优质菜籽油水分含量不超过 0.2%。次质菜籽油水分含量超过 0.2%。

4. 杂质和沉淀物评价

优质菜籽油应无沉淀物或有微量沉淀物，杂质含量不超过 0.2%，加热至 280℃油色不变，且无沉淀物析出。次质菜籽油有沉淀物及悬浮物，其杂质含量超过 0.2%，加热至 280℃油色变深且有沉淀物析出。劣质菜籽油有大量的悬浮物及沉淀物，加热至 280℃时油色变黑，并有大量沉淀物析出。

5. 气味评价

优质菜籽油具有菜籽油固有的气味。次质菜籽油气味平淡或微有异味。劣质菜籽油有霉味、焦味、干草味或哈喇味等不良气味。

6. 滋味评价

优质菜籽油具有菜籽油特有的辛辣滋味，无任何异味。次质菜籽油滋味平淡或略有异味。劣质菜籽油有苦味、焦味、酸味等不良滋味。

七、棉籽油的感官评价

棉籽油有两种，一种是棉籽经过压榨或萃取制得的毛棉籽油，另一种是将毛棉籽油再经过精炼加工制得的精炼棉籽油。这两种油的品质特征和鉴别方法分别如下。

(一) 毛棉籽油

1. 色泽评价

一般毛棉籽油为黑褐色或红褐色。但按油的加工方法看，热榨法的油色深，冷榨法的油色浅。

2. 水分评价

含水分低的毛棉籽油，透明澄清，质量好；反之，质量差。

3. 纯度评价

毛棉籽油的特点是杂质多，油中含有有毒物质（棉酚），不适合人们食用。

4. 气味评价

毛棉籽油棉腥味较重。

(二) 精炼棉籽油

1. 色泽评价

一般呈橙黄色或棕色的棉籽油符合国家标准。如果棉酚和其他杂质混在油中，则油质乌黑浑浊，这种油有毒，不得选购食用。

2. 水分评价

水分不超过 0.2％，油色透明，不浑浊的为优质精炼棉籽油。

3. 杂质评价

油色澄清，悬浮物少，杂质在 0.1％ 以下的是质量好的精炼棉籽油；反之，质量差。

4. 气味评价

取少量油样放入烧杯中，加热至 50℃，搅拌后嗅其气味，具有棉籽香气，无异味，这是质量好的精炼棉籽油。

八、玉米油的感官评价

玉米油是从玉米胚芽中提炼出来的，是一种新的高级食用油。其营养成分丰富，不饱和脂肪酸含量高达 58％，油酸含量在 40％ 左右，胆固醇含量最少，对人体是最有益的。当今美国生产的玉米油量最大。

玉米油的质量鉴别有以下几个方面。

1. 色泽评价

质量好的玉米油色泽淡黄，质地透明莹亮。如以罗维朋比色计实验，不深于黄色 35 单位与红色 3.5 单位之间的质量最好。

2. 水分评价

水分不超过 0.2％，油色透明澄清的质量最好；反之，质量差。

3. 气味评价

具有玉米的芳香风味，无其他异味的质量最好。有酸败气味的质量差。

4. 杂质评价

油色澄清明亮，无悬浮物，杂质在 0.1％ 以下的质量最好；反之，质量差。

九、米糠油的感官评价

米糠油是从米糠中提取出来的。一般新鲜米糠含油量在 18％～22％，与大豆、棉籽相近，其特点是色泽浅黄、透明澄清、滋味芳香、没有异味、熔点低、易被人体消化吸收。由于米糠油营养价值高，已是当今发达国家的食用油之一。我国是世界上盛产稻米之国，为扩大油源，我国已将米糠列为油料之一。

米糠油的质量鉴别有以下几个方面。

1. 色泽评价

质量好的米糠油色泽微黄，质地透明澄清。如以罗维朋比色计实验，不深于黄色 35 单位与红色 10 单位之间的质量最好。

2. 水分评价

水分不超过 0.2％，油色透明澄清，不浑浊的质量最好；反之，质量差。

3. 气味评价

稍具有米糠的气味，无不良气味的符合规格标准的质量好；反之，质量差。

4. 杂质评价

油色澄清明亮，无悬浮物，杂质在 0.1％ 以下的符合规格标准的质量好；反之，质量差。

5. 纯度评价

取油样放在干燥的 100ml 试管内，澄清则质量好。置于 0℃ 容器内 15 分钟，观察其澄清度，澄清则质量好。

十、人造奶油的感官评价

1. 色泽评价

取样品在自然光线下进行外部观察，然后用刀切开，再仔细观察其切面上的色泽。

优质人造奶油呈均匀一致的淡黄色，有光泽。次质人造奶油呈白色或着色过度，色泽分布不均匀，有光泽。劣质人造奶油色泽灰暗，表面有霉斑。

2. 组织状态评价

进行人造奶油组织状态的感官评价时，取样品直接观察后，用刀切开成若干片，再仔细观察。

优质人造奶油的表面洁净，切面整齐，组织细腻均匀，无水珠，无气室，无杂质，无霉斑，加盐人造奶油无盐的晶体存留。次质人造奶油的组织状态不均匀，有少量充气孔洞或孔隙，切面有水珠渗出，加盐人造奶油切面上有盐结晶。劣质人造奶油的组织状态不均匀，黏软发腻，切开时粘刀或显得脆弱疏松无延展性，切面有大水珠，有较大孔隙。

3. 气味评价

取样品在室温 20℃ 条件下打开包装，直接嗅其气味。必要时可将样品升温到 40℃ 再嗅其气味。

优质人造奶油具有奶油香味，无不良气味。次质人造奶油的奶油香味平淡，稍有异味。劣质人造奶油有霉变味、酸败味及其他不良气味。

4. 滋味评价

在室温 20℃ 情况下，取人造奶油少许放在漱口后的舌尖上进行品尝。

优质人造奶油具有人造奶油的特色滋味，无异味。加盐人造奶油微有咸味，加糖人造奶油微有甜味。次质人造奶油滋味平淡，有轻微的异味。劣质人造奶油有苦味、酸味、辛辣味、肥皂味等不良滋味。

第二节　米面制品的感官评价

一、大米的感官评价

大米是我国的主粮之一，按其稻种可分为籼米、粳米、糯米、香米、紫米、黑米等品种。

（一）质量优劣的评价

1. 色泽评价

进行大米色泽的感官评价时，将样品在黑纸上撒一薄层，仔细观察其外观并注意有无生虫及杂质。

优质大米呈清白色或精白色，具有光泽，呈半透明状。次质大米呈白色或微淡黄色，透明度差或不透明。劣质大米中霉变的米粒色泽差，表面呈绿色、黄色、灰褐色、黑色等。

2. 外观评价

优质大米大小均匀，坚实丰满，粒面光滑、完整，很少有碎米、爆腰（米粒上有裂纹）、腹白（米粒上乳白色不透明部分叫腹白，是由于稻谷未成熟，淀粉排列疏松，糊精较多而缺乏蛋白质所致），无虫，不含杂质。次质大米的米粒大小不均，饱满程度差，碎米较多，有爆腰和腹白粒，粒面发毛，生虫，有杂质，带壳粒含量超过 20 粒/kg。劣质大米有结块、发霉现象，表面可见霉菌丝，组织疏松。

3. 气味评价

进行大米气味的感官评价时，取少量样品于手掌上，用口向其中哈一口热气，然后立即嗅其气味。或将试样放入密闭器皿内，在 $60\sim70℃$ 的温水杯中保温数分钟，取出，开盖嗅辨气味是否正常。

优质大米具有正常的香味，无其他异味。次质大米微有异味。劣质大米有霉变气味、酸臭味、腐败味及其他异味。

4. 滋味评价

进行大米滋味的感官评价时，可取少量样品进行细嚼，或磨碎后再品尝。遇有可疑情况时，可将样品加水煮沸后尝之。

优质大米味佳、微甜，无任何异味。次质大米乏味或微有异味。劣质大米有酸味、苦味及其他不良滋味。

（二）新鲜程度的评价

新米是指用当年生产的稻谷经碾磨加工出来的大米。陈大米是指非当年生产的稻谷经碾磨加工出来的大米，或大米的存放时间超过半年以上。

新大米色白，富有光泽，气味清新，韧性强，不易断裂；做成的饭口感好，香味浓，有韧性，饱腹时间长。而陈大米的皮层变厚，光泽减少，米粒坚硬，脆性大，易断裂；做成的饭口感差，粗糙，没有香味，营养价值下降，饱腹时间短。

二、米粉质量的感官评价

米粉又名米粉条，它是以特等米或加工精度高的米为原料，经过洗米、浸泡、磨浆、搅拌、蒸粉、压条、干燥等一系列工序加工制成的米制品。米粉的质量评价有以下几个方面。

1. 色泽评价

洁白如玉，有光亮和透明度的质量最好；无光泽，色浅白的米粉质量差。

2. 状态评价

质量好的米粉组织纯洁，质地干燥，片形均匀、平直、松散，无结疤，无并条；反之，质量差。

3. 气味评价

质量好的米粉无霉味，无酸味，无异味，具有米粉本身的新鲜味；反之，质量差。如果霉味和酸败味重，则不得食用。

4. 烹调性评价

质量好的米粉煮熟后不糊汤、不粘条、不断条，这种米粉吃起来有韧性，清香爽口，色、香、味、形俱佳；反之，质量差。

三、面粉的感官评价

1. 色泽评价

进行面粉色泽的感官评价时，将样品在黑纸上撒一薄层，然后与适当的标准颜色或标准样品做比较，仔细观察其色泽。

优质面粉呈白色或微黄色，不发暗，无杂质的颜色。次质面粉色泽暗淡。劣质面粉呈灰白色或深黄色，发暗，色泽不均。

2. 组织状态评价

进行面粉组织状态的感官评价时，将面粉样品在黑纸上撒一薄层，仔细观察有无发霉、结块、生虫及杂质等，然后用手捻捏，以试手感。

优质面粉应呈细粉末状，不含杂质，手指捻捏时无粗粒感，无虫子和结块，置手中紧捏后放开不成团。次质面粉则手捏时有粗粒感，生虫或有杂质。劣质面粉吸潮后霉变，有结块或手捏成团。

3. 气味评价

进行面粉气味的感官评价时，取少量样品置于手掌中，用口哈气使之稍热；为了增强气味，也可将样品置于有塞的瓶中，加入 60℃ 热水，紧塞片刻，然后将水倒出嗅其气味。

优质面粉具有面粉的正常气味，无其他异味。次质面粉微有异味。劣质面粉有霉臭味、酸味、煤油味及其他异味。

4. 滋味评价

进行面粉滋味的感官评价时，可取少量样品细嚼，遇有可疑情况，应将样品加水煮沸后尝之。

优质面粉的味道可口，淡而微甜，没有发酸、刺喉、发苦、发甜及外来滋味；咀嚼时没有沙声。次质面粉则淡而乏味，微有异味，咀嚼时有沙声。劣质面粉有苦味、酸味、甜味或其他异味，有刺喉感。

四、面筋质量的感官评价

面筋只存在于小麦的胚乳中，其主要成分是小麦蛋白质中的胶蛋白和谷蛋白，这种蛋白是人体需要的营养素，也是面粉品质的重要质量指标。面筋质量的评价有以下四个方面的内容。

1. 色泽评价

质量好的面筋呈白色，稍带灰色；反之，面筋的质量就差。

2. 气味评价

新鲜面粉加工出的面筋具有轻微的面粉香味。而有虫害、含杂质多以及陈旧的面粉加工出的面筋，则带有不良气味。

3. 弹性评价

正常的面筋有弹性，变形后可以复原，不粘手；质量差的面筋无弹性，粘手，容易散碎。

4. 延伸性评价

质量好的软面筋拉伸时具有很大的延伸性；质量差的面筋拉伸性小，易拉断。

五、挂面质量的感官评价

1. 色泽评价

质量好的挂面色泽洁白，稍带淡黄色；如果面条颜色变深，或呈褐色，则说明已变质。

2. 气味评价

质量好的挂面，无霉味、酸味及其他异味，花色挂面应具有添加辅料的特殊气味。

3. 不整齐度的评价

面条的不整齐度应低于 15％，其中自然断条率不超过 10％ 的为上乘面条。

4. 烹调性评价

质量好的挂面，煮熟后不糊、不浑汤、口感不粘、不牙碜、柔软爽口。如果挂面不耐煮，没有嚼劲，说明湿面筋含量太少；如果面条口感太硬，说明湿面筋含量太高。

六、方便面质量的感官评价

1. 色泽评价

呈均匀的乳白色或淡黄色，无焦、生现象，允许正反两面略有深浅差别。

2. 滋味和气味评价

滋味和气味正常，无霉味、哈喇味及其他异味。

3. 形状评价

外形整齐，花纹均匀。

4. 烹调性评价

面条复水后明显断条、并条，口感不夹生、不粘牙。

5. 杂质评价

无可见杂质。

6. 感官评价方法

（1）取两袋（碗）以上样品观察，应具有各种方便面的正常色泽，不得有霉变及其他外来的污染物。

（2）取一袋（碗）样品，放入盛有 500ml 沸水的锅中煮 3～5 分钟后观察，应符合感官特性的要求。

七、面包的感官评价

面包可分为主食面包和点心面包两类。主食面包是以面粉为原料，加入盐水和酵母等经发酵烘烤而成。其形状有圆形、长方形等，多带咸味。点心面包除了面粉外还在原料中加入了较多的糖、油、蛋奶、果料等，多呈甜味。根据配料和制作的差异可分为清甜型、水果型、夹馅型、油酥型等。

1. 色泽评价

优质面包表面呈金黄色至棕黄色，色泽均匀一致，有光泽，无烤焦、发白现象存在。次质面包表面呈黑红色，底部为棕红色，光泽度略差，色泽分布不均。劣质面包生、糊现象严重，或有部分发霉而呈现灰斑。

2. 形状评价

优质面包中的圆形面包必须是凸圆的，听型面包截面大小应相同，其他的花样面包都应整齐端正，其表面均向外鼓凸。次质面包略微变形，少部分粘连，有花纹的产品花纹不清晰。劣质面包外观严重变形，塌架、粘连都相当严重。

3. 组织结构评价

优质面包切面上气孔均匀细密，无大孔洞，内质洁白而富有弹性，果料散布均匀，组织蓬松似海绵状，无生心。次质面包组织蓬松暄软的程度稍差，气孔不均匀，弹性也稍差。劣质面包起发不良，无气孔，有生心，不蓬松，无弹性，果料变色。

4. 气味与滋味评价

优质面包食之香甜暄软，不粘牙，有该品种特有的风味，而且有酵母发酵后的清香味道。次质面包柔软程度稍差，食之不利口，应有风味不明显，稍有酸味但可接受。劣质面包粘牙，不利口，有酸味、霉味等不良气味。

5. 感官评价方法

将样品置于清洁、干燥的白瓷盘中，于光线充足、无异味的环境中按感官特性的要求逐项检验。

八、月饼（糖皮类）的感官评价

（一）浆皮月饼的感官评价

1. 色泽评价

优质月饼表面金黄色，底部红褐色，墙部呈白色至乳白色，火色均匀，墙沟中不泛青，表皮有蛋液光亮。次质月饼表面、底部、墙部的火色都略显不均匀，表皮不光亮。劣质月饼表面生、糊严重，有青墙、青沟、崩顶等现象。

2. 形状评价

优质月饼应块形周正圆整，薄厚均匀，花纹清晰，侧边不抽墙、无大裂纹，不跑糖、不露馅。次质月饼则部分花纹模糊不清，有少量跑糖、露馅现象。劣质月饼块形大小相差很多，跑糖、露馅严重。

3. 组织结构评价

优质月饼应皮酥松，馅柔软，不偏皮不偏馅，无大空洞，不含机械性杂质。次质月饼则皮馅分布不均匀，有少部分偏皮偏馅和少量空洞。劣质月饼皮和馅不松软，有大空洞，含有杂质或异物。

4. 气味与滋味评价

优质月饼应甜度适当，皮酥馅软，不发艮，馅粒油润细腻而不黏，具有本品种应有的正常味道，无异味。次质月饼则甜度和松酥度稍差，本品种味道不太突出。劣质月饼又艮又硬，咬之可见白色牙印，发霉变质有异味，不能食用。

（二）酥皮月饼的感官评价

1. 色泽评价

优质月饼表面为白色或乳白色，底部为金黄色至红褐色，色泽均匀、鲜艳。次质月饼表面、底部、墙部的火色偏深或略浅，色泽分布不大均匀。劣质月饼色泽较正品而言或太深或太浅，差距过于悬殊。

2. 形状评价

优质月饼规格和形状一致，美观大方，不跑糖、露馅，不飞毛炸翅，装饰适中。次质月饼大小不太均匀，外形不甚美观，有少量的跑糖现象。劣质月饼块形大小相差悬殊，跑糖、露馅严重。

3. 组织结构评价

优质月饼皮馅均匀，层次分明，皮和馅的位置适当，无大空洞，无杂质。次质月饼层次不太分明或稍有偏皮偏馅。劣质月饼层次混杂不清，偏皮偏馅严重，杂质多。

4. 气味与滋味评价

优质月饼松酥绵软不垫牙，油润细腻，具有所添加果料应有的味道。次质月饼松酥程度稍差，应有的味道不太突出，没有油润细腻的感觉，咬时可粘牙。劣质月饼食之垫牙，有异味、脂肪酸败的哈喇味等。

（三）感官评价方法

将样品置于清洁、干燥的白瓷盘中，用目测检查形态、色泽，然后用餐刀按四分法切开，观察组织、杂质，品尝滋味与口感，然后做出评价。

九、饼干的感官评价

根据投料和制作方法的差异，可以将饼干分为甜饼干、苏打饼干、华夫饼干、夹心饼干、挤压饼干、薄馅饼干和压缩饼干7大类。下面将按照其质地情况归纳为酥性饼干、韧性饼干和苏打饼干，并分别介绍。

（一）酥性饼干的感官评价

1. 色泽评价

优质饼干表面、边缘和底部均应呈均匀的浅黄色到金黄色，无阴影，无焦边，有油润感。次质饼干则色泽不均匀，表面有阴影，有薄面，稍有异常颜色。劣质饼干表面色重，底部色重，发花。

2. 形状评价

优质饼干应块形（片形）整齐，薄厚一致，花纹清晰，不缺角，不变形，不扭曲。次质饼干则花纹不清晰，表面起泡，缺角，粘边，收缩，变形，但都不严重。劣质饼干起泡、破碎都相当严重。

3. 组织结构评价

优质饼干应组织细腻，有细密而均匀的小气孔，用手掰易折断，无杂质。次质饼干则组织粗糙，稍有污点。劣质饼干有杂质，发霉。

4. 气味与滋味评价

优质饼干应味甜醇正，酥松香脆，无异味。次质饼干则口感紧实发艮，不酥脆。劣质饼干有油脂酸败的哈喇味。

5. 感官评价标准

酥性饼干感官评价的评分标准参照表 10-1。

表 10-1　酥性饼干感官指标评分标准

项　目	扣分内容	每块扣分标准/分	满分	项　目	扣分内容	每块扣分标准/分	满分
花纹	明显、清晰	0	10	酥松度	很酥松	0	20
	不明显	0.5			较酥松	0.5	
	无花纹	1			不酥松	2	
形态	不完整	0.2	10	组织结构	均匀	0	10
	起泡	0.3			轻微不均匀	0.25	
	不端正	0.2			较不均匀	0.5	
	凹底 1/5	0.1			不均匀	1	
	凹底 1/3	0.2					
粘牙度	轻微粘牙	0.25	10	口感粗糙度	细腻	0	15
	较粘牙	0.5			较粗糙	0.5	
					很粗糙	1.5	

注：总分 75 分，折算成 100 分。

具体方法：任意抽取样品 10 块，由一定评分能力和评分经验的评分人员（每次 5～7 人）按饼干品质评分标准进行评分（取算术平均值），评分折算成百分制，取整数，平均数若出现小数则采用四舍、六入、五留双的方法取舍。

（二）韧性饼干的感官评价

1. 色泽评价

优质饼干表面、底部、边缘都应呈均匀一致的金黄色或草黄色，表面有光亮的糊化层。次质饼干则色泽不太均匀，表面无光亮感，有生面粉或发花，稍有异色。

2. 形状评价

优质饼干应形状齐整，薄厚均匀一致，花纹清晰，不起泡，不缺边角，不变形。次质饼干则凹底面积已超过 1/3，破碎严重。

3. 组织结构评价

优质饼干应内质结构细密，有明显的层次，无杂质。次质饼干则杂质情况严重，内质僵硬，发霉变质。

4. 气味与滋味评价

优质饼干应酥松香甜，食之爽口，味道醇正，有咬劲，无异味。次质饼干则口感僵硬干涩，或有松软现象，食之粘牙，有化学疏松剂或化学改良剂的气味及哈喇味。

5. 感官评价方法

将样品置于清洁、干燥的白瓷盘中，于光线充足、无异味的环境中按感官特性的要求逐项检验。

（三）苏打饼干的感官评价

1. 色泽评价

优质饼干表面应呈乳白色至浅黄色，起泡处颜色略深，底部金黄色。次质饼干则色彩稍重或稍浅，分布不太均匀。劣质饼干的表面黑暗或有阴影，发霉。

2. 形状评价

优质饼干应片形整齐，表面有小气泡和针眼状小孔，油酥不外露，表面无生粉。次质饼干则有部分破碎，片形不太平整，表面露酥或有薄层生粉。劣质饼干的片形不整齐，破碎者太多，缺边、缺角严重。

3. 组织结构评价

优质饼干应夹酥均匀，层次多而分明，无杂质、无油污。次质饼干则夹酥不均匀，层次较少，但无杂质。劣质饼干有油污、杂质，层次间粘连板结成一体，发霉变质。

4. 气味与滋味评价

优质饼干应口感酥、松、脆，具有发酵香味和本品种固有的风味，无异味。次质饼干则食之发艮或绵软，特有的苏打饼干味道不明显。劣质饼干因油脂酸败而带有哈喇味。

复　习　题

1. 食用植物油脂的感官评价包括哪些内容？

2. 简述大豆油的感官评价标准。

3. 简述色拉油的感官评价标准。

4. 简述花生油的感官评价标准。

5. 简述芝麻油的感官评价标准。

6. 简述菜籽油的感官评价标准。

7. 简述棉籽油的感官评价标准。

8. 简述玉米油的感官评价标准。

9. 简述米糠油的感官评价标准。

10. 简述人造奶油的感官评价标准。

11. 简述大米的感官评价标准。

12. 简述米粉质量的感官评价标准。

13. 简述面粉的感官评价标准。

14. 简述面筋质量的感官评价标准。
15. 简述挂面质量的感官评价标准。
16. 简述方便面质量的感官评价标准。
17. 简述面包的感官评价标准。
18. 简述月饼（糖皮类）的感官评价标准。
19. 简述饼干的感官评价标准。

第十一章　发酵调味品及
其他食品的评价

第一节　调味品质量感官评价与食用原则

一、调味品质量感官评价

调味品系指能调节食品色、香、味等感官性状的食品。从广义上讲，调味品包括咸味剂、酸味剂、甜味剂、鲜味剂和辛香剂等，食盐、醋、糖（另述）、酱油、味精、八角、茴香、花椒、芥末等均属此类。

调味品的感官评价指标主要包括色泽、气味、滋味和外观形态等。其中气味和滋味在鉴别时具有重要的意义，只要某种调味品在品质上稍有变化，就可以通过其气味和滋味微妙地表现出来，故在进行感官评价时，应该特别注意这两项指标的应用。其次，对于液态调味料还应目测其色泽是否正常，更要注意酱、酱油、食醋等表面是否有白醭或已经生蛆；对于固态调味品还应目测其外形或晶粒是否完整。所有调味品均应在感官指标上掌握到不霉、不臭、不酸败、不板结、无异物、无杂质、无寄生虫的程度。

味精、辛辣料（粉）等在潮湿的空气中易吸潮变质而发生结块、发霉、变色、变味等。因此调味品应在干燥的条件下储藏。

二、调味品质量感官评价后的食用原则

优质调味品不受限制，可直接销售。但在销售过程中应注意卫生、防止污染，并应经常检查其质量，一旦发现其感官性状发生不良改变，应立即停止销售。

次质调味品应根据品种和卫生情况、质量变化做综合评价和决策。次质调味品不可用于调制供人们直接食用的凉菜；调味品感官评价指标中有1～2项为次质品级，其他均合乎优质品级要求的，可限期销售并供烹饪熟菜用；次质调味品数量比较大，生产厂家可重新加工复制；次质调味品还可作为食品加工辅料。

劣质调味品已变质，能产生对人体有害的物质，因此不可供人食用或做食品工业原辅料，应予销毁或作为非食品工业原料及饲料。

第二节　常见的几种发酵调味品的感官评价

一、酱油的感官评价

酱类产品指的是以含蛋白质的豆类和含淀粉的谷物类及其副产品为主要原料，经微生物发酵而制成的半固态调味品，以及以酱类为基料生产的复合酱产品。酱产品主要分为黄酱、面酱和复合酱。甜面酱和黄酱为常见产品。

对于酱油产品，从生产方法上分类可分为酿造酱油和配制酱油两种。酿造酱油是指纯酿造工艺生产的酱油，不得添加酸水解植物蛋白调味液；配制酱油是以酿造酱油为主体，添加酸水解植物蛋白调味液等添加剂配制而成的。配制酱油一般来说鲜味较好，但酱香、酯香不及酿造酱油。

酱油从生产工艺分类，主要有高盐稀态发酵酱油和低盐固态发酵酱油。在色泽上，高盐稀态发酵酱油颜色较浅，呈红褐色或浅红褐色；而低盐固态发酵酱油颜色较深，呈深红褐色或棕褐色。在香味上高盐稀态发酵酱油具有酱香和酯香香气，而低盐固态发酵酱油酱香香气突出，酯香香气不明显。

(一) 酱油感官评价

1. 色泽评价

观察评价酱油的色泽时，应将酱油置于有塞且无色透明的容器中，并在白色背景下观察。

优质酱油——呈棕褐色或红褐色（白色酱油除外），色泽鲜艳，有光泽。

次质酱油——酱油色泽黑暗而无光泽。

劣质酱油——酱油色泽发乌、浑浊，灰暗而无光泽。

2. 体态评价

观察酱油的体态时，可将酱油置于无色玻璃瓶中，并在白色背景下对光观察其清浊度，同时振摇，检查其有无悬浮物，然后将样品放一昼夜，再看瓶底有无沉淀以及沉淀物的性状。

优质酱油——澄清，无霉花浮膜，无肉眼可见的悬浮物，无沉淀，浓度适中。

次质酱油——微浑浊或有少量沉淀。

劣质酱油——严重浑浊，有较多的沉淀和霉花浮膜，有蛆虫。

3. 气味评价

感官评价酱油的气味时，应将酱油置于容器内加塞振摇，去塞后立即嗅其气味。

优质酱油——具有酱香或酯香等特有的芳香味，无其他不良气味。

次质酱油——酱香味和酯香味平淡。

劣质酱油——无酱油的芳香味或香气平淡，并且有焦糊、酸败、霉变和其他令人厌恶的气味。

4. 滋味评价

品尝酱油的滋味时，先用水漱口，然后取少量酱油滴于舌头上进行品味。

优质酱油——味道鲜美适口而醇厚，柔和味长，咸甜适度，无异味。

次质酱油——鲜美味淡，无酱香，醇味薄，略有苦、涩等异味和霉味。

（二）瓶装酱油的感官评价

1. 摇动评价

摇晃瓶子，观察酱油沿瓶壁流下速度的快慢。优质酱油浓度很高，黏性较大，流动慢；劣质酱油浓度低，像水一样流动较快。

2. 底部沉淀物评价

观察瓶底有无沉淀物或杂物，如没有则为优质酱油。

3. 颜色评价

观察瓶中酱油的颜色，优质酱油呈红褐色或棕褐色，有光泽而不发乌。

4. 气味评价

打开瓶盖，未触及瓶口，优质酱油就可闻到一股浓厚的香味和酯香味，劣质酱油香气薄或有异味。

5. 滋味评价

滴几滴酱油于口中品尝，优质酱油味道鲜美、咸甜适口、味醇厚、柔和味长。

二、食醋的感官评价

（一）色泽评价

感官评价醋的色泽时，可取样品置于试管中并在白色背景下用肉眼直接观察。

优质食醋——呈琥珀色、棕红色或白色。

次质食醋——色泽无明显变化。

劣质食醋——色泽不正常，发乌无光泽。

（二）体态评价

感官评价醋的体态时，可取样品醋置于试管中，在白色背景下对光观察其浑浊程度，然后将试管加塞颠倒以检查其有无混悬物质，放置一定时间后，再观察有无沉淀及沉淀物的性状。必要时还可取静置15分钟后的上清液少许，借助放大镜来观察有无醋鳗、醋虱、醋蝇。

优质食醋——液态澄清，无悬浮物和沉淀物，无霉花浮膜，无醋鳗、醋虱或醋蝇。

次质食醋——液态微浑浊或有少量沉淀，或生有少量醋鳗。

劣质食醋——液态浑浊，有大量沉淀，有片状白膜悬浮，有醋鳗、醋虱和醋蝇等。

（三）气味评价

进行食醋气味的感官评价时，将样品置容器内振荡，去塞后立即嗅闻。

优质食醋——具有食醋固有的气味和醋酸气味，无其他异味。

次质食醋——食醋香气正常或稍淡，微有异味。

劣质食醋——失去了固有的香气，具有酸臭味、霉味或其他不良气味。

（四）滋味评价

进行食醋滋味的感官评价时，可取少许食醋于口中，用舌头品尝。

优质食醋——酸味柔和，稍有甜味，无其他不良异味。

次质食醋——滋味不醇正或酸味欠柔和。

劣质食醋——具有刺激性的酸味，有涩味、霉味或其他不良异味。

三、食盐的感官评价

（一）食盐质量的感官评价

食盐系指以氯化钠为主要成分，用海盐、矿盐、井盐或湖盐等粗盐加工而成的晶体状调味品。

1. 颜色评价

感官评价食盐的颜色时，应将样品在白纸上撒一薄层，仔细观察其颜色。

优质食盐——颜色洁白。

次质食盐——呈灰白色或淡黄色。

劣质食盐——呈暗灰色或黄褐色。

2. 外形评价

食盐外形的感官评价手法同于其颜色评价。观察其外形的同时，应注意有无肉眼可见的杂质。

优质食盐——结晶整齐一致，坚硬光滑，呈透明状或半透明状。不结块，无反卤吸潮现象，无杂质。

次质食盐——晶粒大小不匀，光泽暗淡，有易碎的结块。

劣质食盐——有结块和反卤吸潮现象，有外来杂质。

3. 气味评价

感官评价食盐的气味时，约取样 20g 于研钵中研碎后，立即嗅其气味。

优质食盐——无气味。

次质食盐——无气味或夹杂轻微的异味。

劣质食盐——有异臭或其他外来异味。

4. 滋味评价

感官评价食盐的滋味时，可取少量样品溶于 15～20℃蒸馏水中制成 5％的盐溶液，用玻璃棒蘸取少许尝试。

优质食盐——具有醇正的咸味。

次质食盐——有轻微的苦味。

劣质食盐——有苦味、涩味或其他异味。

（二）细盐与粗盐品质鉴别

我国食盐按加工方法分有粗盐与细盐（精盐）两种。它们的品质鉴别如下。

1. 粒形鉴别

粗盐是未经加工的大粒盐，呈颗粒状；细盐是大粒盐经过加工制成的盐，呈片状，粒小。

2. 咸味鉴别

粗盐杂质中含有酸性盐类化合物（硫酸镁与氧化镁），这些酸性盐分子水解后会刺激味觉神经，因而使人感到粗盐比细盐的咸味重。

3. 香味鉴别

粗盐中的氯化镁受热时，会分解出盐酸气，盐酸气能帮助食物中的蛋白质水解成味鲜的氨基酸，刺激嗅觉神经，使人感到粗盐比细盐的香味浓。

4. NaCl 含量鉴别

食盐的主要化学成分是 NaCl。NaCl 能帮助人体起到渗透作用，如食物经过消化变为可溶体后，必须有足够的浓度才能经过各种细胞渗透到血液中，使其中的养分送到人体各部组织，所以，NaCl 的作用很大。通常粗盐中含 NaCl 85％～90％，细盐在 96％以上。

5. 可溶物含量的鉴别

食盐的主要化学成分，除 NaCl 以外，还含有水、氯化镁、硫酸镁、氯化钾、硫酸钙、碘等微量化合物，这些化合物是人体必需的物质，粗盐中存有一定的数量，但是在细盐加工中被清除掉了。

从以上两者的比较来看，人们在日常生活中食用粗盐比专食细盐对身体健康更有好处。

（三）亚硝酸钠与食盐鉴别

亚硝酸钠是一种含氮化合物。在医药行业，作为化学试剂来标定配制溶液，测定磺胺类药物；在建筑行业，在寒冷的天气把它作为防冻剂拌入灰浆中使用。由于亚硝酸钠是一种氧化剂，一旦误食进入人体后，能将血液中具有携氧能力的低铁血红蛋白氧化成为高铁血红蛋白而使其失去携氧能力，从而影响血红蛋白向组织细胞释放氧气的能力，出现一系列的毒性反应。为此，对有疑虑的食盐可用以下方法去鉴别。

1. 透明度鉴别

亚硝酸钠与食盐都是白色结晶体粉末，无挥发性气味。亚硝酸钠一般是黄色或淡黄色的透明结晶体，而食盐则是不透明的。

2. 溶解性鉴别

取 5g 左右的样品放入瓷碗内，加入 250g 冷水，同时用手搅拌，水温急剧下降的是亚硝酸钠，因为亚硝酸钠比食盐溶解时吸热快、放热多。

3. 颜色鉴别

取一蚕豆粒大小的样品，用大约 20 倍的水使其溶解，然后在溶液内加一小米粒大小的高锰酸钾（又名灰锰氧），如果高锰酸钾的颜色由紫变浅，则说明该样品是亚硝酸钠，如果颜色不改变，其样品就是食盐。

（四）碘盐的鉴别

1. 优质碘盐的特征

颗粒均匀，用手抓捏呈松散状。入口咸味醇正。外观色泽洁白，包装字迹清晰，袋质较厚，封口整齐严密。

2. 假冒碘盐的特征

用手抓呈团状，不易松散，有刺鼻气味，口尝咸中带苦涩味，外观常呈淡黄色或暗黑色，易受潮。外包装粗糙，包装袋字迹模糊，手搓易掉，封口多为手工操作，不严密。

四、味精的感官评价

（一）色泽评价

感官评价味精的色泽时，可分别将样品在白纸与黑纸上各撒一薄层，作对比观察。

优质味精——洁白光亮。

次质味精——色泽灰白。

劣质味精——色泽灰暗或呈黄铁锈色，无光泽。

（二）外形评价

味精外形的感官评价方式同于其色泽的感官评价，主要观察其晶粒形态以及有无肉眼可见的杂质和霉迹。

优质味精——含谷氨酸钠 90％以上的味精呈柱状晶粒，含谷氨酸钠 80％～90％的味精呈粉末状。无杂质及霉迹。

次质味精——晶粒大小不均匀，粉末状居多数。

劣质味精——结块，有肉眼可见的杂质及霉迹。

（三）气味评价

感官评价味精的气味时，可打开包装直接嗅闻，或取部分样品置研钵中研磨后嗅其气味。

优质味精——无任何气味。

次质味精——微有异味。

劣质味精——有异臭味、化学药品气味及其他不良气味。

（四）滋味评价

进行味精滋味的感官评价时，可取少许晶粒用舌头尝试。

优质味精——味道极鲜，具有鲜咸肉的美味，略有咸味（含氯化钠的），无其他异味。

次质味精——滋味正常或微有异味。

劣质味精——有苦味、涩味、霉味及其他不良滋味。

五、酱类食品质量的感官评价

酱类食品是以黄豆及面粉为原料经发酵酿造而成的红褐色稠糊状含盐调味品。常见的有豆瓣酱、干黄酱、稀黄酱、甜面酱、豆瓣辣酱等。各种酱类间的主要区别在于：以黄豆为主要原料发酵酿造而成的叫豆瓣酱；经磨碎的叫干黄酱；加水磨碎的叫稀黄酱；豆瓣酱加入辣椒水的叫豆瓣辣酱；以面粉为主要原料发酵酿造而成的叫甜面酱。

（一）色泽评价

优质酱类——呈红褐色或棕红色，油润发亮，鲜艳而有光泽。

次质酱类——色泽较深或较浅。

劣质酱类——色泽灰暗，无光泽。

（二）体态评价

感官评价酱类食品体态时，可在光线明亮处观察其黏稠度及有无霉花、杂质和异物等。

优质酱类——黏稠适度，不干不澥，无霉花，无杂质。

次质酱类——过稠或过稀。

劣质酱类——有霉花、杂质和蛆虫等。

（三）气味评价

进行酱类食品气味的感官评价时，可取少量样品直接嗅其气味，或稍加热后再行嗅闻。

优质酱类——具有酱香和酯香气味，无其他异味。

次质酱类——酱的固有香气不浓，平淡。

劣质酱类——有酸败味或霉味等不良气味。

（四）滋味评价

进行酱类滋味的感官评价时，可取少量样品置于口中，用舌头细细品尝。

优质酱类——滋味鲜美，入口酥软，咸淡适口，有豆酱或面酱独特的滋味，豆瓣辣酱可有锈味，无其他不良滋味。

次质酱类——有苦味、涩味、焦糊味、酸味及其他异味。

六、辛辣料质量的感官评价

辛辣料是将植物果实和种子粉碎而配制成的天然植物香料，如五香粉、胡椒粉、花椒粉、咖喱粉、芥末粉等。辛辣料的主要原料有八角、花椒、胡椒、桂皮、小茴香、大茴香、辣椒、孜然等。

（1）首先进行色、香、味的感官评价。进行辛辣料色、香、味的感官评价时，可以直接观察其颜色、嗅其气味和品尝其滋味。

优质辛辣料——具有该种香料植物所特有的色、香、味。

次质辛辣料——色泽稍深或变浅，香气和特异滋味不浓。

劣质辛辣料——具有不醇正的气味和味道，有发霉味或其他异味。

（2）其次进行组织状态的感官评价。辛辣料主要的感官评价方式是靠眼看和手摸以感知其组织状态。

优质辛辣料——呈干燥的粉末状。

次质辛辣料——有轻微的潮解、结块现象。

劣质辛辣料——潮解、结块、发霉、生虫或有杂质。

（一）真假八角的鉴别

常见的假八角有红茴香、地枫皮和大八角。

1. 形态特征鉴别

真八角（八角茴香）——常由八枚骨突果集成聚合果，呈浅棕色或红棕色。果皮肥厚，单瓣果实前端钝或钝尖。香气浓郁，味辛、甜。

地枫皮——10～13枚骨突果组成的聚合果，呈红色或红棕色。果皮薄，单瓣果前端长而渐尖，并向内弯曲成倒钩状。香气微弱而呈松脂味，滋味淡，有麻舌感。

红茴香——7～8枚骨突果组成的聚合果，瘦小，呈红棕色或红褐色。单瓣果实前端渐尖而向上弯曲。气味弱而特殊，味道酸而略甜。

大八角——10～14 枚骨突果组成的聚合果，呈灰棕色或灰褐色。果实皮薄，单瓣果实的前端长而渐尖，略弯曲。气味弱而特殊，滋味淡，有麻舌感。

2. 化学鉴别

取待检八角样品粉末 5g 置蒸馏瓶内，加水 150ml，进行水蒸气蒸馏，收集馏液 50ml（八角蒸馏液呈乳白色）。向馏液中加入等量乙醚提取，分取乙醚层。再向乙醚层中加 0.1mol/L 氢氧化钠溶液 30～50ml，振摇，弃去碱性水溶液，如此反复进行三次。在水浴上将乙醚挥发干净，用 2～3ml 乙醚溶解残渣。然后将其逐滴加入内装间苯三酚磷酸溶液（1～2mg 间苯三酚溶于 3ml 磷酸中制成）的容器中，边滴加边振摇并观察其颜色反应。

经上述操作后，真八角由无色变成黄色，又变成粉红色，溶液浑浊。假八角由无色变成黄色后，并不能再变为粉红色，溶液仍呈透明状态。

（二）掺假花椒面的鉴别

花椒面中掺入的伪品多为含淀粉的稻糠、麦麸等。因此通过检验样品中是否含有淀粉即可确定花椒面中是否掺假。

取检验样品 1g 置于试管中，加水 10ml，置水浴加热煮沸，放冷。向其中滴加碘化钾溶液 2～3 滴后观察，掺有淀粉的伪品花椒面溶液层变成蓝色或蓝紫色。

掺假花椒面由于掺入了大量麦麸皮、玉米面等，从外观上看往往呈土黄色粉末状，或有霉变、结块现象，花椒味很淡，口尝时舌尖微麻并有苦味。

（三）掺假辣椒面的鉴别

1. 感官检查

辣椒面掺假较多，有的掺入染成红色的玉米面，有的掺入番茄干粉，有的掺入锯末，有的掺入红砖面。一般红辣椒粉呈红色，带有油状粉末，并具有浓郁的辣气，而掺假的辣椒面呈砖红色，肉眼可见大量木屑样物或绿色的叶子碎片，略能闻到一点辣气或根本闻不到辣气。

2. 漂浮实验

取待检辣椒粉 10g，置于带塞的 100ml 量筒内，加饱和盐水至刻度，摇匀，静置 1 小时后观察其上浮和下沉物体积。掺假辣椒面在饱和盐水中下沉体积较大，其体积与掺假量成正比，正品辣椒面绝大部分上浮，下沉物甚微。

（四）芥末粉掺假的快速鉴别

市售的正品芥末粉是一种学名为"黄芥"或与它很接近的植物干种子经磨碎后而制成的黄色颗粒粉状物。应具有刺激的辛辣味，用水搅拌，15 分钟后刺激味更加强烈。感官评价掺假芥末粉可从以下几方面进行。

1. 外包装鉴别

掺假的芥末粉，一般包装都比较粗糙，包装物表面印字不清、易脱落，多数不写详细厂名和地址，有的只用汉语拼音和英文字母表示产地。

2. 色香味鉴别

掺假芥末粉的颜色、颗粒大小、气味随掺入物质的不同和掺入量的不同而异。现一般掺入黄色谷物，如玉米面等，呈淡黄色或金黄色，刺激性辛辣味也明显减弱。

3. 淘洗鉴别

像淘米滤沙子一样，反复淘洗芥末粉，因粮食粉末的相对密度较大，故其留在容器中，用口尝一下，如无明显芥末味，则说明掺入了粮食类物质。

第三节　蜂蜜质量感官评价

蜂蜜是蜜蜂的主要产品，它含有大量的葡萄糖、果糖、酶、多种维生素和矿物质，营养丰富，易为人体吸收。它气味芳香、味甜适口，深为人民所喜爱。长期饮用蜂蜜可增强脑力和体力，助消化，可治疗肠胃溃疡和炎症，促进胆囊炎、肝炎、贫血、心血管疾病等患者的康复，可预防和治疗流行性感冒等。蜂蜜外用能预防皮肤干裂，治疗冻疮。蜂蜜也是中药制剂中不可缺少的原辅料。据考证在殷墟出土的甲骨文中已有了"蜜"字，说明当时已有人采蜜。在《山海经·中山经》中有"平逢之山，蜂蜜之庐"的记载，这是最早提到的"蜂蜜"二字。《神农本草经》把蜂蜜列为药中上品，可见在2200年以前，我国已把蜂蜜作为药用。宋代欧阳修曾留下"蜂采桧花村落香"的诗句。

一、蜂蜜的食用原则

由于蜂蜜营养成分丰富，易被微生物污染而发生变质，另外部分蜜源植物含有毒性成分，会对人体产生一定的危害。因此在对蜂蜜质量进行感官评价之后，可按如下原则食用或处理。

第一、优质蜂蜜可直接供人食用，不受任何限制。

第二、经感官评价确认为次质的蜂蜜不能直接供人食用，可重新加工复制或作为食品工业原料。

第三、劣质蜂蜜不能供人食用，也不能作为食品工业原料，应予以销毁或改作非食品工业原料。

二、蜂蜜的感官评价

（一）蜂蜜滋味的评价

蜂蜜味道的评价是鉴定蜂蜜品质的重要环节。方法是将蜜样品瓶放在光线较好处，用玻璃棒蘸取蜂蜜少许，放在舌尖，用舌尖顶住上颚使蜜慢慢溶化，细品蜂蜜的味道。品质优良的蜂蜜入口绵润清爽，柔和细腻，滋味甘甜清香，喉感清润，余味轻悠。鉴别蜂蜜真伪的要点在于掌握蜂蜜和其他甜物质对于口腔和喉咙的不同刺激以及咽下后留在口内的不同余味。掺有淀粉的蜂蜜细品蜜味平淡，有淀粉味或馊味；掺饴糖的蜜酸味重，往往有酸酵味。

优质蜂蜜——具有纯正的香甜味。

次质蜂蜜——味甜并有涩味。

劣质蜂蜜——除甜味外还有苦味、涩味、酸味、金属味等不良滋味及其他外来滋味，有麻舌感。

（二）蜂蜜色泽的评价

蜂蜜因花种不同其色泽也不同。色泽是验质定级的重要依据。鉴别检查时将待验蜜搅拌均匀后打入无色透明的样品瓶中，或取样品置于比色管内并在白色背景下借散射光线进行观察。主要是观察其颜色、光泽、黏稠度、透明度。俗话说"好蜜光如油"。即优质蜂蜜色泽浅而光亮透明，状态黏稠。与标准样品比较，如蜜的颜色为特浅琥珀色，光亮透明，晃动瓶时，蜂蜜颤动很小，停止晃动后蜜挂在瓶壁上缓缓流下，这样的蜜就可初步定为品质较佳的蜂蜜。

优质蜂蜜——一般呈白色、淡黄色至琥珀色。蜜源性植物不同，其蜜亦有不同的颜色。油菜花蜜色淡黄，紫云英蜜白色带淡黄，柑橘蜜浅黄色，荔枝蜜浅黄色，龙眼蜜琥珀色，枇杷蜜浅白色，棉花蜜浅琥珀色。优质蜂蜜均为蜜质亮而有光泽。

次质鲜蜜——色泽变深、变暗。

劣质蜂蜜——色泽暗黑、无光泽。

（三）蜂蜜气味的评价

新鲜成熟的蜂蜜应具有相应的蜜源花种特有的气味。口鼻闻色泽鉴定后的蜂蜜，鉴别其是否发酵变质、是否受异味污染，以及气味的浓淡。有些蜜的气味特殊，颜色又深，在检验中需特别注意。在掺假的蜜中，气味相应淡薄，如果蜜中掺入河水会有腥味。此外蜂蜜的吸味特性易使其感染异味。如把蜂蜜放在与化妆品、化学药品、农药等接近的地方，其气味即被蜂蜜吸收，这样的蜂蜜应慎重对待。进行蜂蜜气味的感官评价时，可在室温下打开包装嗅其气味。必要时可取样品于水浴中加热 5 分钟，然后再嗅其气味。

优质蜂蜜——具有醇正的清香味和各种本类蜜源植物的花香味。无任何其他异味。

次质蜂蜜——香气淡薄。

劣质蜂蜜——香气很薄或无香气，有发酵味、酒味及其他不良气味。

（四）蜂蜜组织状态的评价

1. 杂质

蜂蜜中的杂质，有收购时存在的死蜂、蜡屑、蜜蜂幼虫及风刮入蜜中的泥沙、草叶和存放过程中包装不好而进入其中的昆虫、灰尘，甚至还有人为掺入的沙石。检查蜂蜜中的杂质，要兼顾上、中、下三层。漂浮在上层的有死蜂、蜡屑、蜜蜂幼虫、草叶、树叶、昆虫等。沉入下层的有泥沙。中间层有花粉、人畜毛发及其他细小渣沫。检查方法是：把蜂蜜样品瓶静置，用长勺舀出观察沉淀物，并分析为何种物质。

2. 发酵征状

前面已经介绍过，蜂蜜中存在着少量酵母菌，易引起蜂蜜发酵变质。蜂蜜发酵初期，能闻到或品到一股淡淡的酸味，蜜液表面有少量气泡漂浮，慢慢的气泡越来越多，造成蜜液膨胀，汁液四溢，这时可闻到强烈的酸味和酒味。这就是蜂蜜的发酵征状。鉴别时观察蜂蜜的气泡，鼻闻、口尝其有无酸味、酒味，时间久了还会有陈腐味。

3. 蜂蜜的结晶

手感是检验结晶蜜质是否纯净的一个重要手段。任何蜂蜜的结晶，用手捻都应为绵软细腻，绝无坚硬如沙砾样的感觉。大部分结晶蜂蜜下部坚硬，有些低浓度蜜只部分结晶，结晶颗粒沉入下部，上部的液态蜜则较稀薄。一般浅色蜜的结晶较白，深色蜜的结晶则较深。有些不法分子以蜂蜜结晶为理由弄虚作假，所以在检验结晶蜜时要兼顾蜂蜜上、中、下三层的质量，不要为其假象迷惑。

因此进行蜂蜜组织状态的感官评价时，可取样品置于白色背景下并借散射光线进行观察，并注意有无沉淀物及杂质。也可将蜂蜜加5倍蒸馏水稀释，溶解后静置12～24小时后离心观察，看有无沉淀及沉淀物的性质。另外可用木筷挑起蜂蜜观察其黏稠度。

优质蜂蜜——在常温下是黏稠、透明或半透明的胶状流体，温度较低时可发生结晶现象，无沉淀和杂质，用木筷挑起蜜后可拉起柔韧的长丝，断后断头回缩并形成下粗上细的叠塔状，并慢慢消失。

次质蜂蜜——在常温下较稀薄，有沉淀物及杂质（死蜂、死蜂残肢、幼虫、蜡屑等），不透明，用木筷将蜜挑起后呈糊状并自然下沉，不会形成塔状物。

劣质蜂蜜——表面出现泡沫，蜜液浑浊不透明。

三、不同品种蜂蜜的鉴别

由于蜂蜜的蜜源不同，酿制出的蜂蜜品名亦不一样。不同品种的蜂蜜其色、香、味、结晶形态也不同。市场上常见的蜂蜜有22种。

1. 油菜蜜

色泽浅白黄，有油菜花般的清香味，味甜润，稍有浑浊，容易结晶，其晶粒特别细腻，呈油状结晶。

2. 紫云英蜜

色泽淡白并微现青色，有清香气味，滋味鲜洁，甜而不腻，不易结晶，结晶后呈粒状。

3. 棉花蜜

色泽淡黄，味甜而稍涩（随成熟程度增加而逐渐消失），结晶颗粒较粗。

4. 苕子蜜

色泽淡白并微现青色，有清香气味，其滋味没有紫云英蜜鲜洁，甜味也稍差。

5. 乌桕蜜

色泽浅黄，具有轻微的醇酸甜味，回味较重，润喉较差，容易结晶，呈粗粒状。

6. 枣花蜜

色泽呈中等的琥珀色，深于乌桕蜜，蜜汁透明，滋味甜，具有特殊的浓烈气味，结晶粒粗。

7. 柑橘蜜

品种繁多，色泽不一，一般呈浅黄色，具有柑橘般香甜味，食之微有酸味，结晶粒细，呈油脂状结晶。

8. 荞麦蜜

色泽金黄，滋味甜腻，有强烈的荞麦气味，颇有刺激性，结晶呈粒状。

9. 芝麻蜜

色泽浅黄，滋味甜，有一般的清香气。

10. 槐花蜜

色泽淡白，有淡香气味，滋味鲜洁，甜而不腻，不易结晶，结晶后呈细粒状，油脂状凝结。

11. 荔枝蜜

色泽微黄或淡黄，具有荔枝香气，稍有刺喉的感觉。

12. 葵花蜜

色泽呈浅琥珀色，气味芳香，滋味甜润，容易结晶。

13. 百花蜜

色泽深，是多种花蜜的混合蜂蜜，味甜，具有天然蜜的香气，花粉组成复杂，一般有 5～6 种以上花粉。

14. 龙眼蜜

色泽淡黄，具有龙眼花的香气，滋味纯甜。

15. 椴树蜜

色泽浅黄或金黄，具有令人悦口的特殊香味。蜂巢椴树蜜带有薄荷般的清香滋味。

16. 结晶蜂蜜

这种蜂蜜多称为春蜜或冬蜜。透明度差，放置日久多有结晶沉淀，结晶多呈膏状，花粉组成复杂，风味不一，滋味甜。

17. 枇杷蜜

色泽淡白，香气浓郁，带有杏仁味，甜味香洁，结晶后呈细粒状。

18. 荆条蜜

色泽白，气味芳香，滋味甜润，结晶后细腻色白。

19. 草木蜜

呈浅琥珀色或乳白色，质地浓稠透明，气味芳香，滋味甜润。

20. 甘露蜜

色泽暗褐或暗绿，没有芳香气味，滋味甜。

21. 桉树蜜

呈琥珀色或深棕色，滋味甜，有桉树异臭，有刺激味。

22. 山花椒蜜

呈深琥珀色或深棕色，质地黏稠半透明，滋味甜，有刺喉异味。

四、蜂王浆真假的鉴别

蜂王浆又名蜂乳，它是青年工蜂咽腺分泌的乳白色胶状物，含有丰富的维生素和 20 多种氨基酸，以及多种酶，对人体有增进食欲、促进代谢、促进毛发生长、增加体重、促使衰弱器官功能恢复正常、预防衰老、抑制癌细胞发育、扩张血管、降低血压等作用。蜂王浆的真假鉴别有以下几个方面。

(一) 气味鉴别

真蜂王浆微带花香味。无香味者是假货。如有发酵味并有气泡，说明蜂王浆已发酵变质，如蜂王浆有哈喇味，说明已酸败。如加入奶粉、玉米粉、麦乳精等，则有奶味或无味。如加入淀粉，碘实验则呈蓝色。

(二) 色泽鉴别

真蜂王浆呈乳白色或淡黄色，有光泽感，无幼虫、蜡屑、气泡等。如果色泽苍白或特别光亮，说明蜂王浆中掺有牛奶、蜂蜜等。如果色泽变深，有小气泡，主要是由于储存不善，久置空气中，使其腐败变质。无光泽的蜂王浆则为次品。

(三) 组织状态鉴别

真蜂王浆稠度适中，呈稀奶油状。如果稠度稀，说明其水分多或掺假；如果稠度浓，说明采浆时间太晚或储藏不当。

为防止蜂王浆变质，一般在 4℃左右可保存 1～2 个月，在 2℃左右可保存 1 年。

复　习　题

1. 调味品质量感官评价原则是什么？
2. 酱油、食醋、食盐、味精、辛辣料等几种发酵调味品的鉴别方法是什么？
3. 如何识别优质、天然的蜂蜜？

感 官 食

第十二章 实 验 指 导

食品感官评价是一门实验性很强的学科,只有通过不断实践,才能逐渐积累经验。现实生活中的饮食提供了品尝食品的很多机会,然而系统、全面地进行食品感官品尝方面的训练还是很有必要的,不断提高品尝能力。本章设计的实验是多方面地对试验人员进行培训。实验人员在进行实验过程中,应该首先按照实验的要求进行,完成实验之后才能从实验准备部分中寻找答案,并且进行核查,加深印象。否则会有"先入为主"现象,产生评判偏差。如果有些实验人员打算自己充当实验准备人员,那么建议在食品编号和品尝顺序等方面更应注意随机化,避免记忆等因素对评判结果的影响。

实验一 四种基本味觉实验

甜、酸、苦和咸是最基本的四种味觉,当它们的浓度达到认别味阈值以上时,人们就可通过舌部以及口腔的味蕾感知并识别出它们。但由于个人对味道的感知能力及感官灵敏度有差别,因此有必要借助于某些实验来测定感官评价者对基本味道的感知能力。本实验正是通过一组高于认别味阈值浓度的基本味溶液来实现这一目标。

一、实验目的

通过对不同试液的品尝,学会判别基本味觉(甜、酸、咸和苦),并且对感官评价有一初步了解。

二、实验内容

(1)在你面前放有各种不同浓度并且具有标号的试液杯(见图 12-1),本实验的任务是判别每个试液的味道。当试液的味道低于你的分辨能力时,以"O"表示,例如水;当你对试液的味觉判别犹豫不决时,以"?"表示;当你肯定你的味觉判别时,以"甜、酸、咸"或者"苦"表示,如此重复。

(2)盘中有 12 只试液杯,各盛约 30ml 试液,漱口杯内盛 30ml 清水,水温约 40℃。吐液杯用来盛漱口液和已被尝过的试液。笔和答卷用于实验记录,答卷

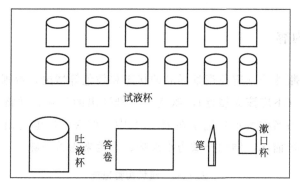

图 12-1　基本味觉实验

如下表 12-1。

表 12-1　味觉实验记录

姓名：		日期：	
第　一　次		第　二　次	
试液号	味觉	试液号	味觉
423		746	
241		521	
532		482	
781		459	
560		368	
152		562	

（3）先用清水洗漱口腔，再喝一小口试液并含于口中（请勿咽下）。由于舌头上各种味觉敏感区域的部位不同，因此应该做口腔运动，使试液接触于整个舌头。辨别味道后，吐去试液，记下结果（试液杯号码必须与答卷对应一致）。

（4）更换试液，重复上述实验步骤，记录结果。

三、注意事项

（1）每个试液应该只品尝一次，若不能肯定判别时，可以再重复。但是品尝次数过多会引起感官疲劳、敏感度降低。

（2）第一组试液全部品尝完毕后，静心小憩后再对第二组试液作品尝。

实验二　嗅 觉 实 验

一、实验目的

通过实验练习嗅觉鉴定的方法，对所嗅气体进行简单描述。

二、实验内容

打开样品小瓶盖子（避免观察样品的状态和颜色等情况，否则会给予你提示），使鼻子接近瓶口（不应该太靠近），吹气，辨别逸出的气味，并将气味描述和气味辨别结果（以食品名称表示）记录在表12-2中，如果不能够写出食品名称，也请尽可能对气味进行描述，例如柠檬为水果味、香兰素为芳香味。

表12-2　嗅觉实验记录

顺　序	样 品 号	气味描述	气味辨别物	备注（与标准对照看结果）
1				
2				
3				
4				
5				

三、注意事项

（1）辨别气味时，吸气过度和吸气次数过多都会引起嗅觉疲劳。

（2）初次实验的目的是学会辨别气味的方法，并非要求每次实验结果都准确无误。

实验三　风味实验

一、实验目的

复习已经学过的实验方法，并且对食品进行风味综合鉴定。

二、实验内容

（1）风味实验包括两个方面：味觉和嗅觉。由于人的嗅觉比味觉更加灵敏，同时为了避免这两种感觉的混淆，本实验要先按"实验二"对食品进行嗅觉鉴定，然后按"实验一"进行味觉鉴定。风味实验记录见表12-3。

表 12-3 风味实验记录

样品号	气味描述	气味辨别物	味 觉	味觉辨别物
1	奶香味	牛奶	奶味，略甜	牛奶
2	水果香	水果	水果味，略甜	桃子汁
⋮	⋮	⋮	⋮	⋮

（2）用数字评判某产品（例如苹果汁）的风味情况，见表 12-4。0——判别不出；1——较小；2——中等程度；3——较大。

表 12-4 评判情况

嗅觉(气体)：	香　味_____ 水果味_____ 酸　味_____ 甜　味_____ 酒　味_____ 其　他_____	味觉：	甜　味_____ 咸　味_____ 酸　味_____ 水 果 味_____ 辣　味_____ 苦　味_____ 涩　味_____ CO_2 感觉_____ 其　他_____

实验四　其他感觉实验

一、实验目的

学会并练习用味觉和嗅觉以外的其他感觉来鉴定食品的方法。

二、实验原理

食品感官评价不仅依靠味觉和嗅觉，同时也应结合其他感觉（例如，品尝时的冷热感、辛酸麻辣涩感、脆硬度、黏弹性以及色调等）对食品进行综合评定。

三、实验材料

（一）公用食品及试剂

乙醇（15％），桂皮粉，生姜粉，薄荷脑，$CaCO_3$ 浆，熟米饭，碎玉米，胡椒粉，洋葱片，奶粉。

（二）个人食品、试剂及仪器

漱液杯，漱口杯，纸巾，塑料勺，塑料小刀，碳酸化水，柠檬汁，明矾液（0.4％），醋酸（0.2％），蛋清，椰子糖，薄荷油试纸，太妃糖，白脱，奶油巧克力，面包，油炸虾片，饼干。

四、实验步骤

（一）品尝时的冷热感（温度感）

（1）用塑料勺取少量乙醇放入口中，接触舌头前部，体会冷热感（温度感），用水漱口。

（2）用塑料勺柄蘸少量桂皮粉放在舌头前（不要接触嘴唇），与步骤（1）中的感觉比较。用水漱口。

（3）重复实验步骤（2），样品改为生姜粉。为了避免激烈刺激，应迅速吐去样品，注意有无烫的感觉，并含一块白脱，使其在舌上溶解，以减缓灼热感，并且用温水漱口。

（4）在舌上放少量薄荷脑，立即闭口，先用鼻子呼吸，体会感觉。再略微张口，吸气，比较与生姜粉有何不同。用温水漱口。

（5）用舌头接触蘸有薄荷油样品的试纸；重复实验步骤（4），实验后立即咀嚼椰子糖，减轻舌头过冷的刺痛感。

（二）品尝时的辛、酸、麻、辣、涩感

（1）喝少量碳酸化水，含于口中体会感觉。用水漱口。

（2）喝少量柠檬汁，含于口中体会感觉。用水漱口。

（3）喝少量明矾液含于口中，体会感觉。吐去后咀嚼一块奶油巧克力，减缓口中的涩感。用温水漱口。

（4）喝少量醋酸含于口中，留意气味和味道上的感觉。用温水漱口。

（5）咀嚼少许洋葱片并迅速吐出，吃块白脱（人造奶油），并作感觉描述。用温水漱口。

（6）用塑料勺柄蘸少许胡椒粉放在舌上，描述感觉，实验后吃块白脱。用温水漱口。

（三）咀嚼时的粒度感

（1）取少量 $CaCO_3$ 浆放在舌上，舌头前后移动，留意颗粒大小和感觉，吐出并用水漱口。

（2）含一勺碎玉米咀嚼，体会感觉。并与 $CaCO_3$ 作粒度大小的比较。

（3）含一勺米饭，咀嚼后描述粒度大小。

（四）咀嚼时的黏弹性

（1）吃一片面包，留意其软硬度和碎度。用水漱口。

（2）咀嚼少量干奶粉，留意其黏度。温水漱口。

（3）取少量蛋清于口中，咀嚼，留意其滑动性。吐出后用温水漱口。

（五）品尝的颜色感

分别品尝两个不同颜色的饮料，根据风味并结合它们的颜色判别它们各是什么。

五、注意事项

在感官分析工作中，如不消除口中余味，则无法进行下一个品尝实验。下列数种消除刺激味感的"中和剂"供选择使用。

（1）一般异味——用冷水漱口。

（2）强烈的刺激辣味、灼热感——切忌用冷水漱口，可吃一些白脱或冰激凌（即人造奶油）或酸牛奶（鲜奶无效）。

（3）轻微的刺激辣味感——微热红茶（50℃）漱口，也可咀嚼一些生卷心菜叶，吃些热带水果（如香蕉）或罐头水果等。

（4）过冷的刺激（由薄荷油引起）——咀嚼奶糖（如太妃糖，利用咀嚼时的吸凉作用）。对于不太冷的刺激感，则用温水（50℃）漱口。

（5）涩味感——咀嚼奶糖，然后用温水漱口。

实验五　一种基本味觉的味阈实验

一、实验目的

学习测定一种基本味阈的方法。

二、实验原理

品尝一系列同一物质（基本味觉物）但不同浓度的水溶液，以确定该物质的味阈，即辨别出该物质味道的最低浓度。

察觉味阈——该浓度时味感只是和水稍有不同而已，但物质的味道尚不明显。

识别味阈——指能够明确辨别出该物质味道的最低浓度。

极限味阈——指超过此浓度，溶质再增加时味感也无变化。

以上三种阈值大小取决于鉴定者对样品味觉的敏感度。

三、实验内容

（1）盘中放有排列成行的试液杯，并标有三位数码，品尝的顺序必须是从左到右，由上到下，每个试液只许品尝一次，并注意切勿吞下试液。

（2）先用水漱口，然后喝入试液并含于口中。做口腔运动使试液接触整个舌头和上腭，然后对试液的味道进行描述。吐去试液，用水漱口，继续品尝下一个试液。

（3）描述试液味道时，可选用下列味觉强度。

0——无味感或者味道如水。

1——不同于水，但不能明确辨别出某种味觉。

2——开始有味感，但很弱。

3——比较弱。

4——有明显的味感。

5——比较强烈的味感。

6——很强烈的味感。

（4）答卷形式。见表12-5。

表 12-5　味觉试验记录

姓名：　　　　　　　　　　　　　　　　　　　　　　日期：

顺　序	样　品　号	味　觉	强　度
1	635	0	0
2	243	甜	2
⋮	⋮	⋮	⋮

四、注意事项

（1）完成答卷，并加以分析。

（2）测出你的察觉味阈和识别味阈。

（3）低浓度情况下容易引起味感变化的现象是什么，讨论其原因。

实验六　差别实验Ⅰ（2点实验法）

一、实验目的

练习分辨样品的味道，学会差别实验的方法。

二、实验原理

2点实验法是差别类实验中的一种，它以随机的顺序同时提供两个样品，然后对两个样品进行比较，以判定两种样品之间是否存在某方面的差别，差别方向如何［哪个更……（甜、酸、苦、咸）］。此实验方法适用于快速判别两样品间的差别，但由于它只是在两个未知样品之间比较鉴别，因此对品尝者来说，除能够正确地感觉出差别外，另有50％猜出准确的概率，因而此方法应用时对样品的要求较高，限制了实际运用的范围。

三、实验内容

（1）在每人面前成对放有几组配制好的试液，按顺序依次成对品尝试液。根据品尝时感官所感受到的情况，描述出成对样品间的差别。

（2）品尝样品前，先用清水漱口，然后含一口成对实验样品液中左边的样液并在口内做口腔运动（勿咽下），品尝后吐出，再含一口成对实验样品液中右边的样液并在口内做口腔运动。将所感受到的差别填入表12-6中。

（3）如果一次品尝感觉不到差别或差别不明显，可按上述步骤再次品尝，但在不同成对样品品尝之间应有一短暂间隙。

（4）整理实验结果。先根据给出的标准答案，判别自己所得结果正确与否，而后把所有实验者的结果综合，计算最终结果。

（5）讨论实验结果。

表 12-6　2点实验法记录表

样　品　号		正确的答案数：
左边	右边	
		实验讨论

四、注意事项

（1）将成对实验样品液的号码按左右分别填入相应位置，然后把你认为味道较强的试液的号码用笔圈上。

（2）在差别实验中，所谓差别阈是指被辨别出的最小浓度差。例如从分辨30％差别的样品开始（例如1％对1.3％的 NaCl 溶液），通过大量实验，最后确定10％作为差别阈值（例如1％对1.1％的 NaCl 溶液）。

（3）如果只是对味觉、嗅觉和风味进行分析，所提供的样品必须是有相同（或类似）的外表、形态、温度和数量等，否则会引起人们的偏爱。

实验七 差别实验Ⅱ（2-3点实验法）

一、实验目的

练习分辨样品的味道，学会差别实验的方法。

二、实验原理

2-3点实验法也是差别实验中的一种方法。该方法是先提供给品尝者一个对照样品，接着提供两个被试样品，其中一个与对照样品相同，要求品尝者挑选出被试样品中与对照样品相同的试样。此法适用于辨别两个同类样品间是否存在感官上的差别，例如实际生产中的成品检验。

三、实验内容

（1）在每位品尝者面前有一组样品液，其中一个有特殊标记的样液为对照样液，其余成对的为被试样液，依次成对品尝被试样液，挑选出与对照样液味道相同的样液。

（2）品尝前先清水漱口，先含一口对照样液在口中使其与舌头和上腭部充分接触，仔细品评其味道，然后吐出，间隔约10秒钟后，再依次品评被试样液，品尝要求与对照样液相同。如第一次品评被试样液不能确定结果，可再次品评，但次数不能过多。在成对被试样液品评之间，可作短暂休息。

（3）将所得结果记录于表12-7中。

表12-7　2-3点实验法记录表

姓名：　　　　组别：　　　　　产品：　　　　　　日期：

对照样	被试样品号	正确的答案数：
		实验讨论

（4）整理实验结果。实验结束后根据标准答案判别自己所得答案正确数，然后将所有实验者结果综合，计算最终结果。

（5）实验结果讨论。

四、注意事项

将对照样的号码和成对被试样品的号码分别填入栏中，然后根据品评结果将被试样品中与对照样品相同的样品号码用笔圈住。

实验八　差别实验Ⅲ（3点实验法）

一、实验目的

练习分辨样品的味道，学会差别实验的方法。

二、实验原理

同时提供三个编码样品，其中两个是相同的，要求鉴评员挑选出不同于其他两个样品的样品，称为3点实验法，也称三角实验法。

此法适用于鉴别两个样品之间的细微差异，如品质管制和仿制产品适用于挑选和培训鉴评员或者考核鉴评员的能力。

对于3点实验，首先需要进行三次配对比较：A与B、B与C、C与A，然后指出样品之间是否有差别。它与2点实验法及2-3点实验法一样，也是用来分析样品之间是否存在差异的。

三、实验内容

（1）每人领取几组（三个试液杯为一组）样品，由左至右依次品尝，体会感觉，记录结果。

（2）答卷形式

3点实验法

_____

姓名_____日期_____产品_____组_____

① 按规定顺序检验三个实验样品，其中有两个样品完全一样，请指出其中的单个样品（在空格中填入适当的样品号）

单个样品是：_____

② 在您觉察到的差别程度的相应词汇上划圈

没有　很弱　弱　中等强　很强

③ 您更喜欢哪个样品？（请在适当空格上划"√"）

单个样品：_____，两个完全一样样品_____。

四、实验报告

(1) 用有关表格对记录结果进行统计分析（注意记录全班同学的结果）。

(2) 假设与 2 点试验，2-3 点试验所试用样品一致，请对结果做对比。

实验九　排序（列）实验

一、实验原理

比较数个样品，按指定特性的强度或程序排出一系列样品的方法称为排列（序）试验法。该实验法只排出样品的次序，不估计样品间差别的大小。

此实验方法可用于进行消费者可接受性检查及确定偏爱的顺序，选择产品，确定不同原料、加工、处理、包装和储藏等环节对产品感官特性的影响。

排序试验形式可以有以下几种。

(1) 按某种特性（如甜度、咸、味等）强度递增顺序。

(2) 按质量顺序（如竞争食品的比较）。

(3) 赫道尼克（Hedonic）顺序（如喜欢/不喜欢等）。

其优点在于可以同时比较两个以上的样品，但样品品种较多或样品之间差别很小时，则难以进行。

排序（列）实验中的判断情况取决于鉴定者的感官分辨能力和有关食品方面的性质。

二、实验内容

(1) 由左至右依次品尝样品，先以第一个样品作参考近似判断每一个样品的强弱，不必经常重复品尝。注意：其中有两个样品强度相同。

(2) 最后以强度递增的顺序排列样品。标示两个相同强度样品的号码，对某个样品的强度有怀疑时，可以进行重复品尝。

(3) 重复第二组中 6 个样品的排列实验，方法如上所述。

（4）实验记录列于表 12-8 中。

表 12-8 排列实验记录

样 品 号	实 验 序 号	强 度 比 较	
		初 步 判 断	最 后 结 果
234	（1）	12	6
562	（2）	10	4
326	（3）	3	5
481	（4）	6	3
⋮	⋮	⋮	⋮
结果		强度增加 481 562 326 234 …… →	

三、实验报告

（1）用查表法和计算法分析实验数据，并比较两种方法的结果（注意记录全班同学结果）。

（2）分析两次重复实验结果是否相同（你自己的两次结果）。

（3）讨论你在研究工作中如何应用排列实验方法。

实验十 评分实验

一、实验目的

学会用合适的分度值来表达初鉴定样品之间某一质量特性的差别。

二、实验原理

评分实验法和前述的排列实验法在原理上有所区别，它不单单以样品间的差别为唯一依据，而是以样品品质特性并以数字标准形式来鉴评的一种检验方法。这不仅要求鉴评员能准确感受到样品间的差别，而且能将这些差别与所制定的相对数字标度值对应起来并正确表达出来，所使用标度为等距标度或比率标度。它不同于其他方法的是所谓绝对性判断，即根据鉴评员各自的鉴评基准进行判断。它的误差可通过增加鉴评员的人数来克服。

由于此方法可同时评价一种或多种产品的一个或多个指标及其他们之间差别，所以应用较为广泛，尤其用于鉴评新产品。

三、实验内容

(1) 检验前,首先应确定所使用的标度类型,使鉴评员对每一个评分点所代表的意义有共同的认识,样品的出示顺序可随机排列,可用 10 分制、100 分制、5 分制、9 分制等 (以啤酒 100 分制为例见表 12-9)。

(2) 以一种产品的多个指标为例进行评分。例如啤酒产品的评分实验:色、透明度、泡沫、香、味每个为 100 分,权重分别为 10%、10%、20%、20%、40%,最后总分即为该产品质量状况。啤酒详细评分标准见表 12-9。也可以以多种产品的多个指标为例进行评分,例如对新饮料的配方对结果的影响进行评分以判别哪一配方工艺最佳。

表 12-9　啤酒评分标准表

项目	标　　准	最高得分
色	鲜明,协调,具有黄色,黑啤酒为深褐色	100
透明度	澄清,澈亮,无沉淀,无悬浮物,无失光现象	100
泡沫	细腻,洁白,均匀,平层 3cm 以上,持续 3 分钟以上	100
香	明显的酒花,麦芽香气,有清快感,无杂臭及异臭	100
味	醇正,愉快,清香,酒花苦,香适当,后味杀口,清快,余香,无异味,有独特风格	100

实验十一　描述分析实验

一、实验原理

描述分析是以量的尺度来描述食品感官评价的方法。

鉴定者先各自品尝食品,并以各自认为合适的文字进行描述。然后集中讨论,并共同确定一些恰如其分的描述食品特征的词语,最后要求每位鉴定者以强度 (例如甜味强弱、硬度大小等) 在强度标尺上表示品尝的结果。

弱　　　　　　　　　　　强
———————————————————→
食品1　　　　　　　　食品2

若鉴定者对强度划分感到困难,则可利用所提供的标准品或者参比样品 (例如弱甜度和强甜度的蔗糖溶液) 来帮助确定强度尺度的弱强两端。

二、实验内容

(1) 每位鉴定者鉴定三种指定食品,用自己的语句描述食品的各种特性,并作记录。一次鉴定一种食品。

（2）所有鉴定工作完成后，针对食品具有的几个明显特征，所有的鉴定者一起讨论，并且选定大家都同意的合适描述词句。

（3）根据以上概括，每位鉴定者立即描述食品特性的强度。强度尺度线两端固定，间隔 10 等份，鉴定者以垂线在标尺上记录。

三、实验报告

（1）用方差分析法统计分析结果，判断各位鉴定者的评判结果是否一致（显著性水平设为 5%）。

（2）如果食品的 F 值显著，那么应用查表法来确定哪些样品之间存在显著差别。

（3）讨论引起上述差异的原因。

复 习 题

1. 基本味觉实验、嗅觉实验如何设计？
2. 进行感官评价实验的注意事项有哪些？
3. 如何主持感官评价实验？

参 考 文 献

[1] 傅德成，刘明堂. 食品感官鉴别手册 [M]. 北京：中国轻工业出版社，1991.

[2] 张水华，孙君社，薛毅. 食品感官鉴评. 第二版. 广州：华南理工大学出版社，2005.

[3] （美）Harry T. Lawless，Hldegarde，Heymann 著. 食品感官评价原理与技术 [M]. 王栋，李山崎，华兆哲等译. 北京：中国轻工业出版社，2001.

[4] 傅德成，张洪明. 食品质量感官鉴别知识问答 [M]. 北京：中国标准出版社，2001.

[5] 邓荣沙. 常见食用油的营养特性及适宜人群 [J]. 食品与药品，2005，7：65-67.

[6] 孙君社，薛毅. 食品感官鉴评 [M]. 广州：华南理工大学出版社，1994.

[7] 吴谋成. 食品分析与感官评定 [M]. 北京：中国农业出版社，2002.

[8] 马永强，韩春然，刘静波. 食品感官检验 [M]. 北京：化学工业出版社，2005.

[9] 汪浩明. 食品检验技术 [M]. 北京：中国轻工业出版社，2007.

[10] 靳敏，夏玉宇. 食品检验技术 [M]. 北京：化学工业出版社，2003.

[11] 高海生. 食品质量的优劣及参加的快速检测 [M]. 北京：中国轻工业出版社，2002.

[12] 郭本恒. 乳制品 [M]. 北京：化学工业出版社，2001.

[13] 郭本恒. 现代乳品加工学 [M]. 北京：中国轻工业出版社，2001.

[14] 朱俊平. 乳及乳制品质量检验 [M]. 北京：中国计量出版社，2006.

[15] 贺喜章. 感官鉴别市售猪肉的方法 [J]. 现代化农业，1999，11：29.

[16] 怎样识别冰激凌、雪糕的质量 [J]. 广西质量监督导报，2004，4：23.

[17] 吴明. 选购奶粉四法 [J]. 河南科技：乡村版，2006，5：41.

[18] 金永彪. 选购食品小窍门 [J]. 东方食疗与保健，2006，5：66.

[19] 苏锡辉. 粮油及制品质量检验（米面油）[M]. 北京：中国计量出版社，2006.

[20] 吴玉銮，蔡玮红. 糕点、糖果、蜜饯、炒货质量检验 [M]. 北京：中国计量出版社，2006.

[21] 白满英，张金诚. 掺伪粮油食品鉴别检验 [M]. 北京：中国标准出版社，1995.

[22] 高海生，张烨. 蛋及蛋制品质量的感官鉴别 [J]. 商品储运与养护，1998，3：42-44.

[23] 李冬梅. 食用植物油种类的辨别 [J]. 农村百事通，2006，3：61.

[24] 刘存仁，白亚荣. 几种常见鱼病的感官鉴别 [J]. 现代农业，2007，1：18-19.

[25] 赵慧梅，黄素珍. 注水肉的鉴别检验与处理 [J]. 肉类工业，2007，1：45-46.

[26] 曾淑英. 如何用感官鉴别猪肉和鸡蛋品质 [J]. 四川畜牧兽医，2006，3：44-45.

[27] 景照晃，申郑毅. 猪肉内囊虫与某些易混组织感官鉴别法 [J]. 河南畜牧兽医，2005，12：51.

[28] 高天卫. 感官鉴别几种异常肉 [J]. 甘肃畜牧兽医，2004，2：42-43.

[29] 李文华，姜黎光. 浅谈蜂蜜的感官鉴别 [J]. 蜜蜂杂志，2005，4：37-39.

[30] 常喜奎，任锁成. 市场猪肉的感官鉴别 [J]. 畜牧兽医杂志，2003，6：37.

[31] 刘树军，徐胜林，刘宏远等. 几种常见劣质畜禽肉的感官鉴别 [J]. 中国动物检疫，2003，2：26-27.

[32] 王文洲，黄爱琴，张卫等. 猪囊虫与某些易混组织的感官鉴别方法 [J]. 河南畜牧兽医，2002，10：33.

[33] 时文贤，张重喜，刘钢锌等. 色泽异常肉的感官鉴别与处理 [J]. 河南畜牧兽医，2002，11：29.

[34] 赵从民. 肉蛋品质的感官鉴别 [J]. 肉类研究，2002，1：48.

[35] 秦晓蔚. 禽肉的感官鉴别 [J]. 肉类研究，2002，3：42.

[36] 陶艳芳. 病死畜禽肉的感官鉴别 [J]. 云南畜牧兽医，2000，3：33-34.

[37] 木子. 优劣蜂蜜的感官鉴别 [J]. 现代质量，2000，6：37.